# 碳宝历险记

刘青松　著

科学出版社
北京

## 内 容 简 介

地球是人类的家园，生态与环境问题无疑是人们最为关注的议题之一。自工业革命以来，全球二氧化碳（$CO_2$）排放量不断增长，全球温室效应加剧，生态系统变得更脆弱。二氧化碳在时空上处于动态变化之中。在空间上，碳元素在有机界和无机界来回穿梭，从空中到海洋再到地球深部，循环不止。在时间上，几十亿年的地质演化中，二氧化碳在大气中的含量跌宕起伏，谱写了一曲恢弘的乐章。

要了解碳循环这样一个复杂系统，需要大量系统的科学知识作为支撑，最好还要以通俗易懂的方式表达出来，《碳宝历险记》这本书于是应运而生。这本书就是要为小朋友乃至广大科普爱好者，讲述碳宝家族复杂的循环体系，为全面理解目前地球和全人类面临的碳排放问题提供背景知识和独特的视角。

本书适合小学高年级、中学生及科学爱好者阅读。书中将碳循环最前沿的科研思路融入故事，也可供对此感兴趣的科技工作者阅读。

**图书在版编目(CIP)数据**

碳宝历险记/刘青松著.—北京:科学出版社,2019.4

ISBN 978-7-03-060535-1

Ⅰ.①碳…　Ⅱ.①刘…　Ⅲ.①碳－青少年读物　Ⅳ.① O613.71-49

中国版本图书馆CIP数据核字(2019)第026031号

责任编辑：韩　鹏　刘浩旻/责任校对：张小霞
责任印制：肖　兴/封面设计：北京图阅盛世文化传媒有限公司

科学出版社出版
北京东黄城根北街16号
邮政编码：100717
http://www.sciencep.com

北京汇瑞嘉合文化发展有限公司印刷
科学出版社发行　各地新华书店经销

*

2019年4月第　一　版　开本：720 × 1000　1/16
2019年4月第一次印刷　印张：12 1/2
字数：180 000

**定价：59.00元**

（如有印装质量问题，我社负责调换）

# 故事导读

故事讲述“空中之城”的一个碳宝家庭，包括碳爸爸、碳妈妈和碳乐乐、碳淘淘、碳熙熙、碳聪聪、碳海伦、碳米粒。这些碳宝都对应着生活中的真实原型。碳宝家族成员长大后，都要开始伟大的碳循环旅行。循环的最初地点是在太平洋西部，家族成员通过光合作用，进入生物体内，变成壳体沉降在海沟，然后又俯冲到地球深部。在那里，他们失散了。有的碳宝遇到了地球深部的元素，最后俯冲到核幔边界及地球液态的外核，随后通过地幔热柱，又喷发出来；有的碳宝通过季风在中国东部大陆活动；还有的碳宝通过西风带运输到美洲和欧洲。

跟随着人类大航海的脚步，欧洲的碳宝们来到美洲，目睹西方文明对美洲原住民的入侵。之后，随着洋流，碳宝们又循环到西太平洋，最后一家人团聚。

在这个故事里，从空间上，碳宝们在空气、海洋、陆地上有着完整的循环路径；在性质上，碳宝们在有机物和无机物之间交换；在时间上，从远古地质历史时期，一直演化至今；在思想上，碳宝们各自克服了自己的缺点，成长起来。此外，本书还有一条暗线，就是人类发展与将来的命运。碳宝们经历了人类发展的每一个重要环节。故事在人类为了减排二氧化碳而召开会议时，达到人类思想斗争的高潮。

这个童话科普故事有很多特点。首先，内容上具有科学性。作者基于其多年的科研与教学经验，在广泛阅读前沿专著与论文的基础上，把目前碳循环最前沿的科研思路融入故事中，既保证了故事的科学完整性，也反映了科学研究的前沿性。虽然这是个童话故事，但是从科学内容来看，能够代表这一研究领域的发展趋势。建议读者多次通读，更能体会其中知识体系的奥妙。

其次，故事有很强的趣味性。碳循环过程很复杂，也有很多分支循环。所以，作者用碳宝家族历险的方式，满足了故事平行发展的需要。从结构上，碳宝家族一起旅行，途中遇险分开，开始各自的分支循环，最后一家人终于团聚。建议读者一边读，一边动手把碳宝们的循环路径在空间和时间上总结出来，而不至于迷失在复杂的循环之中。

最后，故事蕴含着较为深刻的教育意义。学知识的最终目的是让读者完善思维方式，理解生活的意义。为此，作者为故事中每个碳家族成员赋予了一种性格或品质，让碳宝们在探险的过程中，逐渐完善人格，让读者，尤其是小朋友，在学习科学知识的同时，也跟随主人公的成长轨迹，完成思想的提升。

综上，《碳宝历险记》这本书集成了科学性、趣味性和思想性，在时间、空间和思想三个维度上展开，故事场面宏大磅礴，情节跌宕起伏，让小读者们和广大科学爱好者们在学知识的同时，与碳宝主人公的命运有所共鸣。

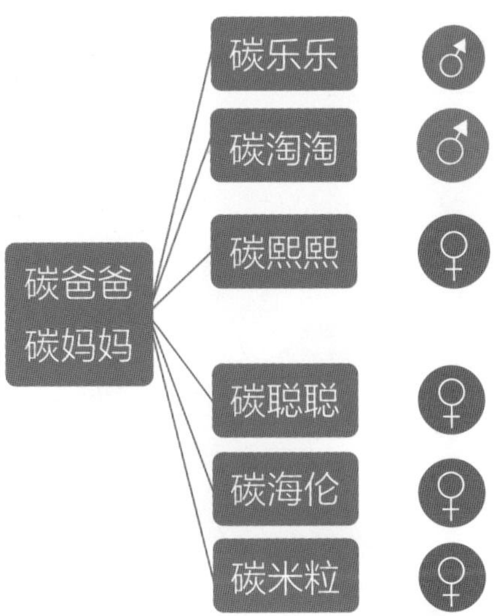
碳爸爸
碳妈妈
碳乐乐
♂
碳淘淘
♂
碳熙熙
♀
碳聪聪
♀
碳海伦
♀
碳米粒
♀

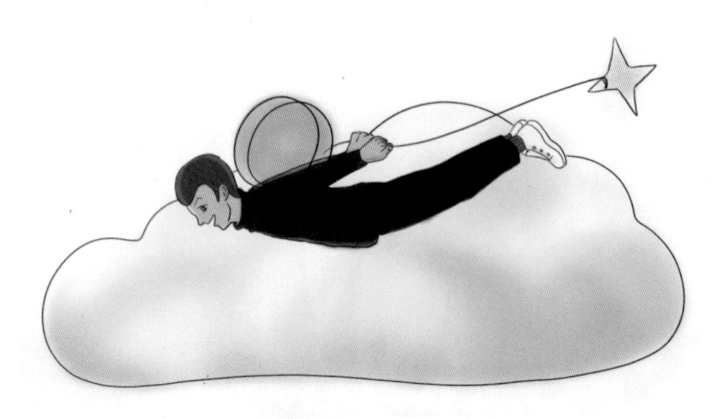

见多识广的碳爸爸

善解人意的碳妈妈

博学的碳乐乐

交际高手碳淘淘

最爱美的碳熙熙

最聪明的碳聪聪

乖巧的碳海伦

胆子和年龄一样小的碳米粒

# 阅读线索导图

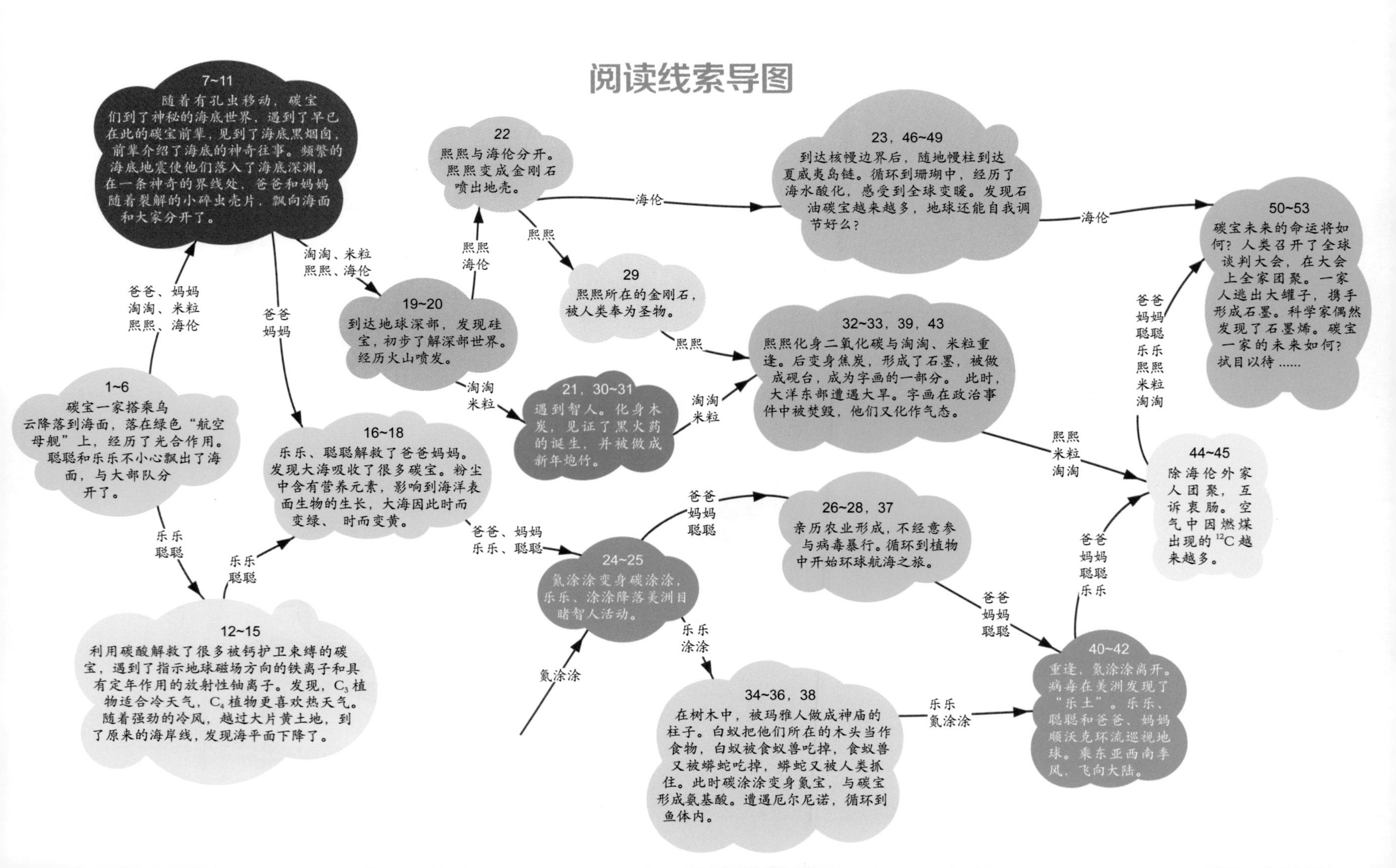

1~6
碳宝一家搭乘乌云降落到海面，落在绿色“航空母舰”上，经历了光合作用。聪聪和乐乐不小心飘出了海面，与大部队分开了。
爸爸、妈妈
淘淘、米粒
熙熙、海伦
7~11
随着有孔虫移动，碳宝们到了神秘的海底世界，遇到了早已在此的碳宝前辈，见到了海底黑烟囱，前辈介绍了海底的神奇往事。频繁的海底地震使他们落入了海底深渊。在一条神奇的界线处，爸爸和妈妈随着裂解的小碎虫壳片，飘向海面和大家分开了。
乐乐
聪聪
12~15
利用碳酸解救了很多被钙护卫束缚的碳宝，遇到了指示地球磁场方向的铁离子和具有定年作用的放射性铀离子。发现，$C_3$ 植物适合冷天气，$C_4$ 植物更喜欢热天气。随着强劲的冷风，越过大片黄土地，到了原来的海岸线，发现海平面下降了。
乐乐
聪聪
爸爸
妈妈
16~18
乐乐、聪聪解救了爸爸妈妈。发现大海吸收了很多碳宝。粉尘中含有营养元素，影响到海洋表面生物的生长，大海因此时而变绿、时而变黄。
淘淘、米粒
熙熙、海伦
19~20
到达地球深部，发现硅宝，初步了解深部世界。经历火山喷发。
熙熙
海伦
22
熙熙与海伦分开。熙熙变成金刚石喷出地壳。
熙熙
29
熙熙所在的金刚石，被人类奉为圣物。
淘淘
米粒
21，30~31
遇到智人。化身木炭，见证了黑火药的诞生，并被做成新年炮竹。
淘淘
米粒
熙熙
32~33，39，43
熙熙化身二氧化碳与淘淘、米粒重逢。后变身焦炭，形成了石墨，被做成砚台，成为字画的一部分。此时，大洋东部遭遇大旱。字画在政治事件中被焚毁，他们又化作气态。
海伦
23，46~49
到达核幔边界后，随地幔柱到达夏威夷岛链。循环到珊瑚中，经历了海水酸化，感受到全球变暖。发现石油碳宝越来越多，地球还能自我调节好么？
海伦
爸爸、妈妈
乐乐、聪聪
氮涂涂
24~25
氮涂涂变身碳涂涂，乐乐、涂涂降落美洲目睹智人活动。
爸爸
妈妈
聪聪
26~28，37
亲历农业形成，不经意参与病毒暴行。循环到植物中开始环球航海之旅。
乐乐
涂涂
34~36，38
在树木中，被玛雅人做成神庙的柱子。白蚁把他们所在的木头当作食物，白蚁被食蚁兽吃掉，食蚁兽又被蟒蛇吃掉，蟒蛇又被人类抓住。此时碳涂涂变身氮宝，与碳宝形成氨基酸。遭遇厄尔尼诺，循环到鱼体内。
爸爸
妈妈
聪聪
乐乐
氮涂涂
40~42
重逢，氮涂涂离开。病毒在美洲发现了“乐土”。乐乐、聪聪和爸爸、妈妈顺沃克环流巡视地球。乘东亚西南季风，飞向大陆。
熙熙
米粒
淘淘
爸爸
妈妈
聪聪
乐乐
44~45
除海伦外家人团聚，互诉衷肠。空气中因燃煤出现的 $^{12}C$ 越来越多。
爸爸
妈妈
聪聪
乐乐
熙熙
米粒
淘淘
50~53
碳宝未来的命运将如何？人类召开了全球谈判大会，在大会上全家团聚。一家人逃出大罐子，携手形成石墨。科学家偶然发现了石墨烯。碳宝一家的未来如何？拭目以待……

# 目　录

# 1 碳宝家族

天上有一座空中之城。

城市的头顶是漫天星光的宇宙，城下与外界直接连通，这里既没有城墙，也没有地面防护。大家可能会问，如果没有城墙和地面的保护，这些空中之城的居民们不会掉下去吗?

这还真不用担心，他们天生就有一种飘浮在空中的能力。

这里生活着很多不同的元素种族。最主要的种族是氮 (N) 家族和四处跑动的氧宠物 ($O_2$，还有一些 $O_3$)，还有少量的碳宝家族。

**小贴士：**

自然界中的物质都是由各种元素组成的。目前一共发现了一百多种元素，每一种元素都是由一类原子组成，这些原子内部含有相同数目的质子，中子数目可以不同。本书中只重点讲述其中少数几种。

氮家族是个大家族，占大气世界成员数的 78%，也就是一百个空气成员中，有 78 个是氮家族成员。氮家族的家规很严，很少和其他种族联系。氮家族的脾气有点古怪，只在自己的圈子里生活，基本和碳宝家族不相往来。和碳宝一样，有个别的氮家族成员也喜欢把氧当宠物，大部分养两只 ($NO_2$)，少量的养一只 (NO)。这些成员被氮家族视为叛逆者，因为他们没有遵守氮家族的规矩，而是沾染了碳家族的“不良”习气——养宠物。

氧宠物含量占 21%，大部分情况下，和氮宝们一样，两两组合在一起 ($O_2$)，就像双胞胎一样，手拉手，不怎么分离。可是再往高空走，到了离地面几十公里的地方，那里的宇宙辐射比较强，很多氧宠物被宇宙射线照射后，分离开来，形成单个的氧原子 (O)。一旦分开，单个氧原子就很着急，四处寻找被宇宙射线打击而分开的同伴。可是，大部分时候，他们找不到原来的伙伴，只能暂时和氧宠物双胞胎连在一起，寻找安全感，形成 $O_3$，学名叫做臭氧。于是在高空中就形成一个臭氧层，吸收了来自太阳的大部分紫外辐射，对地球上的生物起到了重要的保护作用。

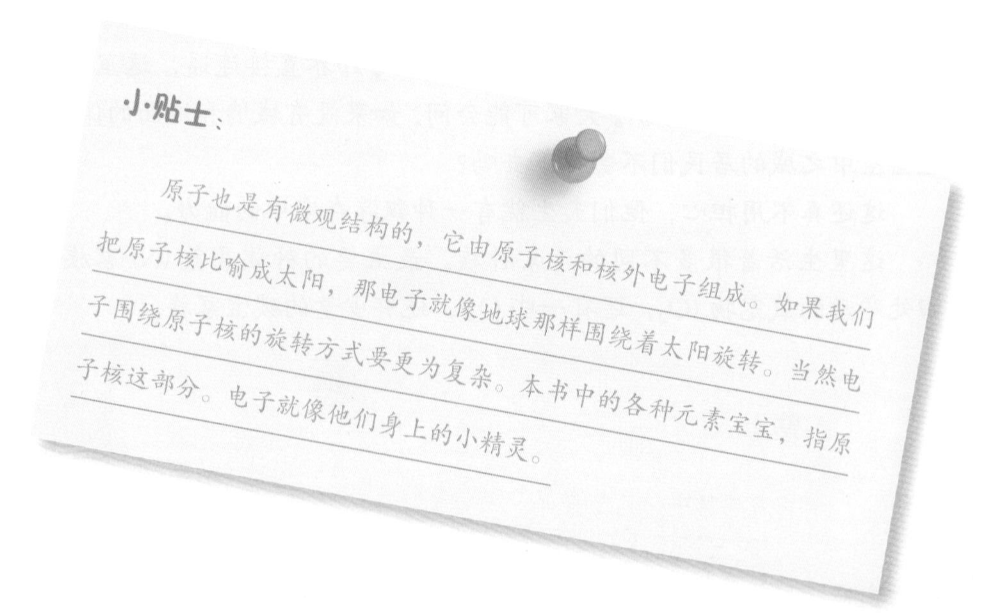


除了氮家族和氧宠物，天空中还生活着一个少数民族——碳 (C) 宝家族。一般情况下，每个碳宝体内都有六个质子和六个中子，合起来

被称作碳十二（$^{12}C$）。可是还有很少的一部分碳宝，体内多出来一个中子，他们被称作碳十三（$^{13}C$），显然 $^{13}C$ 比 $^{12}C$ 要重。这类质子数相同，但是中子数不同的元素，互为同位素。碳爸爸和其他碳宝们就是同位素，当然也是一家人，只不过碳爸爸更重些而已。你想想动物世界里，哪个爸爸不是这么拉风。比如，狮子爸爸一头酷酷的毛发，孔雀爸爸一身绚烂的羽屏。

与碳宝相比，氮宝身体里有七个质子，氧宠物有八个质子。所以，在元素世界，只要身体里质子数不同，就归属于不同的种族，性质也就不同了。

小贴士：

质子和中子，就像我们人类身体内部有器官一样，原子核里也含有更小的质子和中子，他们是组成原子核的基本粒子。可以把质子和中子想象成小球。质子带正电，中子不带电。质子数量决定元素的种类，比如原子核中有六个质子就是碳元素，七个质子对应氮元素，八个质子就是氧元素。

空中之城的元素们对地球和地球上的生物都非常重要，今天我们先从碳宝们讲起。

碳宝家族中有一个家庭，共有八位成员，他们是碳爸爸、碳妈妈、碳乐乐、碳淘淘、碳熙熙、碳聪聪、碳海伦和碳米粒。

这些碳宝长什么样呢？从我们人类的视角来看，这些碳宝实在是太小了。每一个碳宝身高只有 77 皮米（$10^{-12}$ 米）。如果地球上每一个人都是碳宝这么大，把地球上的 70 亿人累加起来，高度也不够 1 米。

碳家族有一个习惯，就是碳宝背后都带着两个氧宠物（$CO_2$，二氧化碳）。碳宝非常喜欢氧，这两只氧宠物就像碳宝的两个翅膀，否则，

单独的碳原子是飞不起来的。有些碳宝，身子不够硬朗，只能驯服一个氧宠物（CO，一氧化碳）。这些一氧化碳碳宝常常成为其他一些二氧化碳碳宝嘲笑的对象。

我们首先来介绍一下这些碳宝。爸爸和其他的碳成员不一样，是个碳十三（$^{13}C$）。在孩子眼中，爸爸有个大肚子，别看碳爸爸肚子大，他见多识广。碳宝们小时候躺在爸爸的肚子上，听爸爸讲林林总总的大千世界，听着精彩的故事睡着，睡起来那才叫香甜。

“爸爸，你的肚子又大又软，躺上去别提多舒服了。”

“你的大肚子里都装了啥东西啊？”小碳宝经常拍拍爸爸的肚子，好奇地问。

这时候，爸爸就会得意地笑起来。“哈哈哈，

碳宝一家在空中之城快乐地生活着

当然是各种知识和数不清的故事了。”

这让小碳宝们羡慕不已。

“我们也要有爸爸那样的大肚子，里面可以装很多的知识。”

“还有很多很多有趣的故事，天天讲都讲不完。”

“你们肯定能行！”爸爸总不忘及时鼓励，“你们好好学知识、学本领，长大了就可以像爸爸一样了。”

妈妈和其他碳宝一样，体内只有六个中子，她性格非常温柔，每天照顾这些小碳宝们的起居和功课。妈妈特别爱自己的孩子，希望把世界上最好的东西都给他们。只要爸爸稍微一严厉，教训一下贪玩的小碳宝们，妈妈就有点受不了。天下的妈妈们大都如此。

小碳宝们每天要学习很多东西。比如，如何和氮家族共处，如何照顾自己的氧宠物，如何避免遭受来自太空的宇宙射线袭击，等等。

小碳宝们中，乐乐很博学，做事一板一眼，每天的功课都认认真真地完成。他读书最多，知识渊博，有时候连爸爸妈妈都惊叹，不知道他从哪里学来的知识，可就是有一点马虎。考试的时候会把“认真”写成“认直”，把“马虎”写成“马虚”。所以大家又学到了一对新的反义词“认直—马虚”。

淘淘就经常有点心不在焉，他最关心的是脚底下远处那一片绿油油的世界，神秘又令人向往。淘淘的强项就是欢乐的笑声，只要有他在的地方，笑声就像铃铛一样清脆，大家听到了就会把烦恼都丢到脑后。所以，淘淘具有非常强的交际能力，很快就能和周边打成一片。没想到吧，淘淘居然还有一两个氮宝朋友。这是他们一起训练氧宠物时认识的。这在空中之城几乎是不可能发生的事情。

熙熙最爱美，她经常把自己的两个氧宠物打扮得漂漂亮亮，还在他们的脚上绑了蝴蝶结。可是她还是不满意，心中追求一个最完美的“美”，可是那到底是什么样的美呢？她也说不上来。每天早晨她都第一个起床看日出。当远处太阳慢慢升起的时候，光芒四射，那种美让人内心震颤。这时，熙熙就想，要是能够把这种美留住，该有多好啊。熙熙为此也阅读了很多书，但是和乐乐不一样，她读书更注重阅读带来的感觉，而不是具体的知识。熙熙有点不自信，比较害羞。有时候

大家一个善意的玩笑，也会让她纠结一番。熙熙想，只要她能找到那个最美的东西，她就肯定能成为最自信的碳宝了。但那个最美的东西是什么？它在哪里呢？熙熙没有答案。

聪聪是最聪明的一个。她和乐乐不一样，好像不怎么学习就可以记住很多东西，但是动手能力比乐乐差了不少，经常被妈妈评价为是个理论家。聪聪当然听得出，这是妈妈含蓄的批评。可是，其他碳宝们对聪聪很是佩服，因为每次考试她都是班上的第一名。老师让她给大家讲讲学习方法，她就总结说："千万不要死读书，到点就睡觉，该玩就玩。"老师一听直摇头，早知道聪聪这么总结，还不如不让她上台演讲。

海伦是个乖巧的孩子，问她有什么理想，她就说待在爸爸妈妈身边就是最大的梦想，等她长大了就照顾爸爸妈妈。每次爸爸妈妈都会抚摸着她胖嘟嘟的小脸，告诉她，这个世界很大，每个碳宝长大了都要有自己的一番天地。

米粒是碳家族中最小的一员，胆子有点小。小时候她一看到氧宠物就哭，生怕被咬一口。不过她非常细心，爱推理，爱笑，大家都非常喜欢她。

随着小碳宝们一天天长大，爸爸妈妈也常想：这些碳宝长大以后到底是什么样呢？总有一天他们会长大，离开他们曾经居住和生活的地方。一想到这儿，爸爸妈妈心里就五味杂陈，感觉既幸福又失落。不过，这只是偶尔的事情，爸爸妈妈最关心的是：如何引导孩子们多学习多思考，培养他们独立解决问题的能力。

小碳宝们一天天地逐渐长大，他们开始思考一些奇奇怪怪的问题：

"老师，我们这样整天飘来飘去，有什么意义？"

"妈妈，我们的家族人数怎么这么少，为什么氮家族就那么多？"

"爸爸，我们可不可以到脚下的那个世界去游玩？"

面对这些问题，老师会回答："孩子们，不要着急，读万卷书，还要行万里路，你们的路还长着呢……"

爸爸则会抚摸着小家伙们的脑袋，笑着说："我们碳宝家族的作用可大着呢。等米粒长大，我们全家就要到地球上去，完成我们碳家族伟大的碳循环之旅。”

乐乐一听惊喜不已，他好奇地问：“爸爸，那你以前经历过碳循环之旅吗？”

爸爸胸脯一拍：“我小时候门门功课一百分，在碳循环之旅中，我完成了十项重要的任务呢！”。

淘淘脸上写满了不相信，大声嚷嚷起来：“爸爸，你是不是在吹牛，你把你小时候的成绩单拿出来让我们看看。”

…………

经过老师和爸爸妈妈的教育，小碳宝们的心里开始充满憧憬，经常在一起讨论将来的碳循环之旅，他们很想知道自己存在的意义。

# 2 搭乘乌云

米粒的成长礼终于到来了，大家都前来祝贺。这样的成长礼，爸爸妈妈已经经历过多次。可是，看到孩子们的成长，心里还是非常激动。

在成长礼上，爸爸拉着妈妈的手，宣布家庭成员明天就可以开始伟大的碳循环之旅。这个决定一宣布，碳宝们都大吃一惊，尤其是淘淘，以前他一直觉得爸爸是在吹牛，没想到爸爸真的决定带他们去旅行。

乐乐心里很高兴，他之前和聪聪一起读了很多有关外面世界的书，一听到可以去亲身体验，心里乐开了花。淘淘更是高兴得蹦了起来。这可是他梦寐以求的事情。不过，一听说真要离开自己生活这么多年的家，他又有点舍不得走了。尽管刚刚举办了成长礼，米粒还是一如既往地感到担心，她觉得外面的世界肯定很危险，比如宇宙高能粒子，据说能把碳宝身子打穿。

海伦就拍拍她的肩膀，安慰她不要怕，高能粒子少之又少，到目前为止空中之城只听说过几起宇宙粒子袭击事件，而且还没伤到任何碳宝。况且，这次旅行是和爸爸妈妈在一起，有什么可怕的？有爸爸妈妈在，到哪里都是家。

**小贴士：**

宇宙的广袤空间里，很多地方看似空无一物，其实危险时刻存在。其中一种威胁就是高能粒子，包括质子、氦原子核等。这些粒子用肉眼可看不到，但是能量非常高。超新星爆发就能制造出大量的高能粒子。如果高能粒子束刚好对准了地球，那地球上的生物可能就要遭殃了。

熙熙静静地站在一边，不怎么加入讨论。她心里想的是能否在外面世界找到让她心动的美丽，在外面肯定会比待在家里机会多些。这个小秘密其实大家都知道，他们还背地里给熙熙起了个外号叫做“美丽学家”。熙熙也知道这个外号，虽然她知道大家对她的追求有些不理解，不过她还是很喜欢这个称呼的，因为在空中之城，连最有学问的碳爷爷都不能回答这个问题——最美的东西是什么？

在出发的前一天晚上，爸爸宣布了旅途中必须遵守的三条重要规定：“第一，在路上一定要团结，只有团结才能体现出碳宝的力量。第二，为了完成一些任务，大家会和不同的元素宝宝们组合，因此路上要学会和其他元素宝宝们共处。第三，请记住，你们身上都有远程感应器，在一定距离内，你会感觉到我们家庭成员的存在。万一大家失散了不要惊慌，以后可以凭着感应器团聚。”

“和其他元素宝宝们接触时，难道真的没有什么危险吗？”米粒又开始担心了。

“看看我们身后的氧宠物，他们其实也是一种元素宝宝，我们和他们相处得不是很好吗？”爸爸这样一回答，米粒豁然开朗。

第二天，大家在爸爸妈妈的带领下，来到空中之城的驿站。这是碳宝们第一次来这里，他们将从这里启程。不知道为什么，碳宝们自出生以来，一个个都有使不完的劲，每天飘来飘去的，不用吃任何东西。

碳宝们整天飘来飘去的，一直很好奇，到底怎么才能降落到下面的世界。

这时候，从脚底下冒出来一团乌云，里面有好多的水分子（$H_2O$），而且里面还电闪雷鸣。

"难道这些乌云就是所说的降落工具？"米粒半信半疑地问道。

"应该是。根据我所学的知识，这些乌云里有很多水汽，我们会被他们携带着落下去，要不然我们这么轻，如何才能落下去？"乐乐似乎很有把握，抢着回答。

这时，爸爸大声喊道："孩子们，注意啦！我们就要搭乘乌云开启循环之旅了。"

大家赶紧跟随爸爸踏上乌云。这时候乌云中的水分子开始凝聚，变成球状，体积越来越大，空气托不住他们了，于是开始快速降落。碳宝们也随着水滴向地面冲去。

碳宝们从来没有过这种体验。这是他们第一次离开家门，而且还是以一种这么不同寻常的方式离开空中之城。他们既兴奋又紧张。

"哇，好快！越来越快啊！真酷！"淘淘开心地大呼小叫。

"真的是越来越快！"聪聪也欢呼起来。

"抓紧我，别松手。"乐乐紧紧抓住熙熙的手，他生怕这个"美丽学家"光顾着寻找美丽，一不留神就被风一下子吹跑了。

"妈妈，我有点晕。"米粒害怕地拽着妈妈的胳膊。

"是有点快。妈妈和你在一起，不用害怕。"妈妈抱着米粒。孩子毕竟小，妈妈总是不忘时时给予特别的关爱。

…………

过了一会儿，大家都不说话了，连最活泼的淘淘也安静下来，大家随着雨点继续往下落去。

"我开始想家了。"又过了一会儿，淘淘忍不住对爸爸说。

"我也想家了。"海伦也附和着，她感觉下降的过程很久，似乎没有结束的时候。

爸爸搂着淘淘和海伦，安慰他们说："别担心，以后我们还会回来的。"

"可是，地面离天空那么远，我们难道像跳高一样，跳回来吗？我们也跳不了那么高啊？"淘淘疑惑不已。

“不用担心，到时候，我们会乘坐另外的交通工具回来的。”妈妈回答道。

世界这么大，当碳宝们知道了它是如此伟大和精彩时，他们还会像现在这样刚离开家时就吵吵嚷嚷着想回家吗？

雨点快速地降落，速度越来越快。可是过了一会儿，碳宝们就发现，雨点的速度保持不变了，没有了刚才让人眩晕的加速感觉。这下子米粒又活泼起来，刚才的紧张情绪一扫而光。

“为什么刚开始我们在加速，后来速度就稳定了呢？”米粒好奇地问身边的淘淘。

“据我多年的经验，雨滴肯定是跑累了，加速加不上去了，才稳定下来。”淘淘和米粒在低声细语地讨论着。

乐乐听到了，笑着说：“雨滴要是跑累了，应该停下来才是，怎么可能还是这么快地跑？虽然不加速了，但是目前的降落速度依旧有每秒 5 到 6 米。”乐乐接着解释说：“我看到的书上是这么写的，雨滴降落是受到了地球引力的作用，降落的同时还会受到空气摩擦力的作用，雨滴速度越快，所受摩擦力就越大；当它所受的地球引力和摩擦力达到平衡时，速度就不会再增加了。”

米粒不以为然：“按照这个道理，我们也应该受到地球引力，怎么我们就可以在空中之城整天飘来飘去的，降落不到地球上？”

“确实是这样，我们在空中之城无时无刻地不在动，从来没停下来过。平时习以为常，现在看起来正是因为我们不停地动，所以才可以在天上飘着。要是我们不动了，那会是什么情况？”乐乐提出了一个新问题。

这个问题把大家都给难住了。还能静止不动？这到底是个什么状态？在碳宝的记忆中，他们生下来就在不停地动。如何才能达到静止不动呢？

爸爸看着孩子们在实践中思考问题，内心很是满意。

正在大家热烈讨论的时候，突然听见“轰——”的一声，雨滴停住了。

米粒第一个做出反应：“看，雨滴停住了，肯定是跑累了，还是我的想法对。”

可是他们低头一看，哪里是雨滴跑累了，原来他们降落到了大海上。雨滴和海水融为一体了。

# 3 海水中遇险

这可真是一个神奇的新世界，碳宝们从来没看到过这样的情景。在空中之城里，居民的密度很小，一立方米里居住的居民加起来也就1.29公斤。大家哪怕是快速地跑来跑去，基本上也不会撞到。

这里全然是另一番景象。海水里的密度就大多了，一立方米里的居民重达一千多公斤。不但居民人数多，种族也多，熙熙攘攘，拥挤得很。这儿有很多种陌生的面孔，碳宝们从来都没见过，其中包括钙离子、钠离子、氯离子等，还有一些先前来到这里的碳宝。

这里最为庞大的家族就是水分子，他们由氢宝（H）和氧宠物（O）组成。因为氢宝们个子很小，需要两个氢宝合力才能驯服一个氧宠物。以前碳宝们没怎么注意氧宠物的体重，偶尔发现有一两只体重偏重的氧宠物，也没太当回事。

氧原子里有八个质子，比碳宝们还多两个。正常情况下，每种元素体内的质子和中子数目相等。也就是说，正常情况下，可以叫氧宠物们为氧十六（$^{16}O$）。可是，偏偏有一些氧宠物天生就多两个中子，重量增加了不少，就和碳爸爸一样。大家把后一种叫做氧十八（$^{18}O$）。

乐乐和聪聪刚一落入大海，就发现这里的氧宠物和空中之城的不太相同，海水里的 $^{18}O$ 宠物明显多了很多。

“看，乐乐！这里好多大个子氧宠物啊，这到底是怎么回事？”细心的聪聪忍不住好奇地问。

“咱们来逆向推理一下，我们从天上来，比较轻，所以天上的水分子也相对较轻，因为那里的水分子中含有更多较轻的 $^{16}O$。”乐乐边想边慢悠悠地说。

聪聪对这个解释不是很满意。她也喜欢逆向思维，经常和乐乐反着来。“我觉得我们可以这么理解，因为海水本来就重，所以只有较为灵巧的 $^{16}O$ 才更容易跑到天上去，这样海水里的 $^{18}O$ 就显得越来越多。”（对于氧同位素，重的 $^{18}O$ 留在海水中，轻的 $^{16}O$ 进入大气，这叫做分馏现象。）

“聪聪，你这是剽窃我的思路，刚好和我反着说。”乐乐调皮地冲着聪聪做了个鬼脸，但心里还是赞同聪聪的观点的。

小贴士：

同位素分馏，虽然都是一种元素，但是中子数不同，原子的质量也就不同。比如，一个班级有30个小朋友，有的小朋友很轻盈，跑得快。有的小朋友是个小胖子跑不快。老师让同学们跑1千米。随着时间推移，小胖墩就落下了，轻盈的小朋友就跑在前面，慢慢地就分开了，这就是分馏现象。还有一种情况，就是生物在利用原子构建自己的身体时，喜欢用轻盈的原子，而不是用胖墩原子。所以植物中碳十二（$^{12}C$）就多，碳十三（$^{13}C$）就少。植物也很聪明，既然功能都一样，它才不会傻乎乎地用更重的 $^{13}C$。

“不过，看起来我们可以用 $^{16}O$ 和 $^{18}O$ 的相对含量，来判断海水里是否受到雨水的影响。如果 $^{16}O$ 越多，说明雨水影响越大。”聪聪接着说。

“不一定是雨水，我觉得只要是含有更多 $^{16}O$ 的水流入海洋，都有这个效果。”乐乐说道。

“雨水中肯定含有更少的 $^{18}O$ 和更多的 $^{16}O$，因为我们亲身体验过了。从理论上讲，乐乐，你的想法是对的。不过到底还有哪些类型的水中含有更多的 $^{16}O$？你觉得河水如何？”聪聪反问。

“河流我还没见过，只是在书本上看到过。不过，从刚才下雨的情况看，河水中有一部分应该也是雨水降落在陆地上形成的吧，所以我觉得 $^{16}O$ 含量会低。等哪天我们看到河水了，立刻就知道答案了。”乐乐不把话说得那么绝对，用最后一句话把自己的观点保护了一下，这样聪聪也不好反驳他了。

就在他们热烈讨论的时候，雨停了，太阳从云朵里钻了出来。阳光直接照耀在海面上，一片波光粼粼。

熙熙瞪大眼睛呆呆地看着。“这是什么东西？一大片亮晶晶的，不停地闪烁着。”

可是，一经太阳照射，过了一会儿，海水表面温度慢慢升高，海水表面上的水分子开始变得活跃，有些竟然慢慢升起，飘入空气中。身边有一些碳宝也随之升起，海面上响起一片惊呼声。

乐乐仔细观察这些飘起来的水分子，果然，那些含有 $^{16}O$ 的水分子更容易飘起来。

“我知道了！我知道了！聪聪，我知道了，你的想法更合理！果然是 $^{16}O$ 更轻，更容易进入大气！”乐乐一边拍手一边大声喊着。

爸爸一看乐乐和聪聪讨论得入了迷，忘记了身边的危险，赶紧拉着乐乐和聪聪，免得他们也飘升起来。

这时候，旁边游来了一个绿色的生物（小型的浮游生物），身上发出绿色光线。和碳宝比起来，这个绿色生物就是一艘巨型的航空母舰。

爸爸妈妈赶紧拉着碳宝们降落在这艘航空母舰的甲板上。

雨过天晴，
碳宝一家降
落在大海

# 4 绿色航空母舰

碳宝们刚刚在甲板上降落，就感觉有一股吸力把他们拉住，他们暂时不会飘入高空了。这艘巨舰上有很多气孔，向里面望去，有很多座大型绿色宫殿（叶绿体），绿色光线就是从这些宫殿里发出来的。这些大型宫殿里面闪闪发光，有很多能量在里面流动。

熙熙在空中之城的时候，经常往下看，对这种绿色已经习以为常。但是真正地来到近前，看到这么一个绿色物体时，还是被这种单纯的绿色感染了。

熙熙靠近前，仔细看这些绿色的光，发现他们不是连续的一条线，而是以很快的速度，从绿色物体里一份份反射出来的，就像一串串的子弹打在物体上又被弹回来一样。而其他颜色的子弹则直接打进了这个绿色物体，所以就看不到了。白光原来也是由不同的颜色组成的——赤橙黄绿青蓝紫，在空中之城经常看到的彩虹是这些不同颜色的光分开的缘故。

真的很神奇，这些光从远处看和近处看的效果完全不一样。熙熙对光的理解又前进了一大步。

大家走进这些绿色宫殿。从整体上看这些宫殿是椭圆形的，具有双层膜结构。第一层膜上面有一些孔洞，很多物质都可以自由进出。第二层膜的把守就严格多了，很多分子出入都要通行证。对于一些身形较大的物质，则要通过特殊的大门才能放行。

在内膜里面，建造了十几个巨大的房子(基粒)，每个房子都有十几层，每一层的形状都像厚厚的圆饼(类囊体)。房子和房子之间有天梯连接，从而构成一个整体。房子外部充满着液体(基质)，里面含有各式各样的运输器（蛋白质和酶），在液体里面忙忙碌碌，运输着各种物质，穿梭往来。

碳宝们很容易就跨越过第一层膜，走进了第二层膜前面。这时候从第二层膜里面走出来一支队伍。他们一看到碳宝们到来，非常高兴，表示热烈欢迎。为首的拉着碳宝们的手，朗声说道："谢谢各位碳宝们的到来！我们的城池里正缺少人才，欢迎大家来这里共同建设这个新家园。"

叶绿体结构和光合作用过程

看起来这是一个非常好客的种族，尤其对碳宝们的到来，全族都表示欢迎。

米粒和海伦非常高兴，她们最喜欢热情的群体，这样让她们感到非常安全。她们还是第一次被这么隆重的欢迎。不过，她们也很好奇，为什么这座宫殿这么需要碳宝们来加盟呢？

“我们能帮助他们什么呢？”熙熙问道，“要是还有更美的地方可以参观，我就决定帮助他们。”

“这里的房子看起来很独特，我觉得很值得去参观一下。”乐乐东张西望，对这里充满好奇。

“确实是，这里的世界比我们的空中之城复杂多了。”聪聪也附和着。

他们还不知道，这个世界的精彩才刚刚开始。

这时候，大喇叭响了：“大家先不要进入这些大房子，先待在房子外面的液体里，原地不要动，一会儿有很重要的工作需要请大家帮忙。”

紧接着，从内膜外面又进来不少水分子。乐乐看着非常眼熟，他悄悄地告诉爸爸，在天空中他遇到过这些水分子。因为非常明显，其中的$^{16}O$宠物更多些，一看就是从空中掉下来的。

爸爸笑眯眯地拍了拍乐乐的头，夸奖他的观察力很强。

# 5 光合作用

水分子排着队，先进入了这些大房子。这些大房子看起来是专门为水分子们准备的。

走进房子大门后，水分子发现上面写着“光合作用厂”，旁边贴着一个告示“进入厂房内部不能携带氧宠物”。

这下子水分子没办法了，当他们走过阳光照射的大厅时，在阳光照射下，一股股能量随着光子的冲击而来，氧宠物变得很活跃。氢宝们拉不住这些氧宠物了，不得不把他们放走。氧宠物见状，心里好高兴，这下子自由了，可以去感受新的经历了。他们两两抱团，形成氧气（$O_2$），唱着歌就从两层膜的气孔中飞走了。

这些氧宠物重新进入水中，有的在海水翻腾的时候返回大气，回到了空中之城。有的则被附近的鱼类呼吸，没过多久，就又在鱼的体内和其他碳宝们结合在了一起，变成二氧化碳。

这下氢宝们可变成了光杆司令，这些氧宠物在走的时候，居然把氢宝身上唯一的一个小精灵（带负电的电子）也给带走了，氢宝们变成了氢离子状态($H^+$)，$H^+$头顶上的“+”可不是小朋友做算数时加法的意思，而是表示此时氢宝携带了一个正电。

氢宝一出生要么以双胞胎形式（$H_2$）要么和氧宠物组成水分子（$H_2O$）形式存在。平时他们从来没感觉自己会带电，而且还是正电。这居然是小精灵的功劳。这个小精灵（电子）别看个子小，她带着和氢宝一样多的电，但是却是相反的负电。这样小朋友就可以理解了“1−1=0”。正电和负电放在一起，结果就是不带电。

正在这时，旁边来了一辆特制的轿车（NADP号），上面有一个位置，大小刚好能坐下氢宝（$H^+$）。因为氢宝身上有电，和NADP小车产生了吸引力，氢宝就像系上了安全带，稳稳当当地坐在了NADP小车的座位上。怪不得这里规定氧宠物不能入内，否则NADP号就没办法把氢宝们运走了。

于是氢宝（$H^+$）坐上了这辆轿车。人们把这种携带氢宝的轿车统称为NADPH，后面的字母H就表示氢宝已经稳稳地坐在了NADP轿车上。NADPH轿车在这些大房子里来回穿梭。

随着氧宠物的离开，氢宝们发现，刚才照射进来的阳光能量形成了能量块，亮晶晶的非常好看。这些能量块被另外一辆特制能量车（ATP，三磷酸腺苷）拖着，这辆ATP车前面有三个磷宝(P)拉着(A-P-P-P)，跟随着氢宝们坐着的NADP号轿车一起走出了房子。和碳宝相比，这些磷宝显得人高马大，毕竟他们身体里有15个质子！

这就说明，这个工厂如果想正常运转，没有磷宝的参与也不行。

NADPH和磷宝能量车开进了一个叫做“卡尔文循环厂”的地方。这个工厂坐落在房子外面的液体里，离碳宝们不远。有了能量小车ATP上的能量块，卡尔文循环厂就不需要阳光了。

碳宝们不知道前面工厂里发生了什么，只知道这些水分子进去后过了好大一会儿，氧宠物们就从天窗飘走了，然后从光合作用工厂里出来了两辆车子，其中一辆上面拉着氢宝，另外一辆上拉着亮晶晶的能量块。

这些能量块散发着五彩的光线，非常耀眼。熙熙看着这些能量块，目光再也无法离开。她真想取一块仔细端详。

就在这时候，从远处来了一辆小火车，上面有六个座位。爸爸眼

神非常好，还没等这辆小火车到达，他就发现上面已经有五个位子上坐着碳宝（碳五，$C_5$）。这些碳宝他并不认识，看起来肯定是之前就已经来这里了。火车司机把火车开到爸爸身边，邀请爸爸上火车。

爸爸向身边的妈妈嘱咐了一下，让碳宝们不用着急，他先去打探一下。

于是爸爸就坐上了$C_5$火车，形成了$C_6$，开进了卡尔文循环厂。在工厂里，来了一些工人，把$C_6$小车拆成两段，每一段都是$C_3$小车。

所有这种第一阶段生成两个$C_3$小车的植物，都叫做$C_3$植物，包括小麦、大豆、烟草、棉花等。

在卡尔文循环工厂里，两个$C_3$小车，包括爸爸所在的一辆，遇到了之前来的氢宝们。两个氢宝协力把能量块从ATP车上卸下来，拿给爸爸。

突然，奇迹发生了，只见爸爸和氢宝与氧宠物旋转起来，几条彩色能量团也加入到其中，发出耀眼的光芒。最后大家停止了旋转，爸爸从里面走了出来，居然换了一个新形象。只见爸爸左边的氧宠物不见了，居然换上了一对小小的氢宝($CH_2O$)。对比一下$CO_2$（C-O-O），就可以发现其中一个氧宠物确实被$H_2$给替换了，如同魔术一般。

爸爸离开了这个过程，剩下的五个碳宝又结合成$C_5$火车。

这个$C_5$小火车看到爸爸的装束改变后，马上返回，把其他碳宝拉进卡尔文循环工厂，对碳宝们逐一进行装饰。

可是很奇怪，这个$C_5$小火车每运行六次后，就得休息。也就是说当把爸爸、妈妈、淘淘、熙熙、海伦和米粒装饰完后，$C_5$小火车需要休息，原地不动了。聪聪和乐乐只能暂时在外面等待。

爸爸、妈妈、淘淘、熙熙、海伦和米粒在卡尔文循环工厂里也很着急，他们怕走失，于是他们手拉手连成环状，形成了一个整体$(CH_2O)_6$（学名叫做葡萄糖，或者写成$C_6H_{12}O_6$）。

碳宝们发现，他们和原来的感觉不一样，在他们手拉手的地方，有一股能量在流窜。这是因为在刚才旋转过程中，$C_5$小分队把一个氧宠物替换成两个氢宝的时候，连同氢宝身上的能量也加进来了。

以爸爸为首，现在他们形成了葡萄糖。正是因为氢宝们的加盟，葡萄糖里含有大量的能量。这可是一切生物都喜欢的东西。

经过一阵休息，$C_5$小火车又满血复活，重新启动，跑去接送聪聪和乐乐。不过只能把聪聪和乐乐安排在另外一个葡萄糖分子里。这样就形成了两个$C_6$。聪聪、乐乐和另外四个陌生的碳宝结伴，倒也自在。这样刚好结识一些陌生的碳宝，大家一起聊聊天，交流一下见闻。

这时，$C_5$小火车的司机发现了爸爸和别人不一样。爸爸比别的碳宝重，花费了$C_5$小分队额外的力气进行搬运。于是$C_5$小分队想向老板要额外的工钱。可是这里的老板很精明，他才不打算花更多的工钱。他对$C_5$小分队说："你看，你们合成了一模一样的葡萄糖，还想要更多的工钱，绝不可能。"

碳宝们手拉手正在形成葡萄糖分子

这下子$C_5$小分队可长了心眼了，在运输其他碳宝前，先要仔细查看一下他的重量，看看他身体里到底是有六个中子还是七个中子。这样一来，拥有七个中子的碳宝就不容易进入这个绿色宫殿了。结果造成了一个奇特的现象，就是绿色宫殿里体重轻的$^{12}C$越来越多，大部分重的$^{13}C$则被拒之门外，停留在大气中（这就是碳宝的分馏现象）。

以至于这都成了一个判断标准，如果一群碳宝中含有非常少的$^{13}C$，大家很快就能猜出他们一定进入过绿色工厂，也就是生物的有机分馏过程在起作用。

NADPH开进卡尔文循环工厂后，把氢宝留在里面，剩下NADP小车这头又进入光合作用厂房，开始接送下一波氢宝们。

比较好笑的是ATP能量小车。三个磷宝刚才拉着能量块，趾高气扬。当氢宝们把能量块献给碳宝们后，能量车的能量明显不足，其中一个磷宝居然没有力气跟上大家，掉队了。本来是三个磷宝拉的能量小车，这下倒好，变成了两个磷宝拉车(ADP, A-P-P, P)，后面还跟着一个垂头丧气的磷宝，晃悠悠地赶紧返回光合作用工厂去补充能量。碳宝们看到ADP和后面跟着的可怜磷宝，忍不住想笑。

# 6 命运分水岭

碳宝家族通过叶绿体里复杂的运输过程，与氢宝们合作，形成了葡萄糖。这些葡萄糖含有大量能量。

这艘“航空母舰”运动时需要能量，而这些能量恰恰就由碳宝们形成的葡萄糖携带。可是此时碳宝一家分属于两个葡萄糖分子，他们一起走进了这艘绿色“航空母舰”的深处，来到了一个叫做“线粒体工厂”的地方。

在进入线粒体之前，细胞基质里面就来了不少护卫，他们把葡萄糖分子$C_6$结构拦腰截成两半，形成两个$C_3$链状结构，同时释放出来四个氢宝和一些能量块。

$C_6H_{12}O_6$ (葡萄糖)$\longrightarrow$ $2C_3H_4O_3$(丙酮酸) + 4H + 少量能量

但是，大部分能量其实还在丙酮酸里面。要想把更多的能量释放出来，还得继续把手拉手的碳宝们分开（碳宝们手拉手形成碳链），那到底在哪里进行呢？

答案就在这个线粒体里，它就是专门用来打断这些碳宝的连接，同时释放能量块的地方。这个线粒体也是一座巨大的宫殿，从外面

看，和叶绿体很像，都是双层结构。区别就在于内膜里的结构变了很多。在线粒体里，内膜上长着巨大的高山隆起，很多化学反应都在这些地方发生。内膜里也充满液体，里面和叶绿体一样，各种运输器穿梭往来。

爸爸他们从6个碳连在一起的结构（葡萄糖）变成3个碳形成的链$C_3$丙酮酸，这样整体分子就小多了，不然他们连线粒体的大门也进不去。

2个丙酮酸分子依次进入了内膜的大门，在线粒体的基质中，又来了穿着不同服装的侍卫，他们手法非常娴熟，把2个丙酮酸分子和6个水分子组合在一起，变魔术一样，把爸爸他们变成了碳宝形式，生成6个$CO_2$，氢宝们全都独立了。当然，这其中又释放了一些能量块。碳宝们这次也很高兴，感觉还是身上有两个氧宠物的形象($CO_2$)看着更神气。

我们现在做一个简单的计算：参与的氢、氧和碳各是多少？

最开始我们是$C_6H_{12}O_6$和6个$H_2O$，一共有6个碳，12个氧，24个氢。通过两次被打开碳链，形成6个$CO_2$，也就是6个碳，12个氧。请问，有多少氢原子被遗忘了？他们到哪里去了？

线粒体结构

前后一对比，答案非常清晰，其中的24个氢元素不见了！他们形成了24个独立的氢离子，在基质里游荡，跑到了附近的高山上。在那里有很多氧宠物，他们经历了一圈自由的生活后，开始想念当初作为宠物的生活。此时，看到来了这么多氢宝，他们欣喜万分，于是纷纷跑上前去，迎接自己的新主人。于是氢和氧结合，形成了水（$H_2O$）。这时候，隐藏在氢宝中的大量能量块最终被全部释放。

看来把葡萄糖完全分解、释放能量的过程，还真不简单。总结一下分三步：第一步，在细胞基质里，$C_6$变成两个$C_3$，不然个子太大，进不了线粒体；第二步，在线粒体的基质里，两个$C_3$和水反应，形成6个碳宝$CO_2$；第三步，在前两步里剩下的氢宝们在附近的高山上被氧宠物变成水。每一步都能释放能量。

这样我们就明白了，在细胞基质里，没有氧宠物参与，只是简单地把$C_6$裁成两个$C_3$，这叫无氧呼吸，产生的能量很少。而在线粒体里的过程需要氧宠物参与，叫做有氧呼吸过程，放出的能量大。

碳宝们和氢宝们就这样完成了一次伟大的能量传递任务。这时，他们来到了船尾，这里好像没有了船头的引力，突然之间就飘了起来，与周边的水分子混在一起，离开了这条绿色的巨型“航空母舰”。

大家在海水中自由地游动着。

这时候从远处游来了一片更大的阴影。阴影越来越近，原来这是一只有孔虫。它庞大的身子外面形成了一层厚厚的铠甲，铠甲上有很多孔洞，所以学名叫做有孔虫。

有孔虫游近了，碳宝们身边的水开始动荡起来。聪聪和乐乐没抓住身边的水分子，一下子从海水中冒了出去，飘到海面的空气里。海面的风很大，聪聪和乐乐一下子就被风吹得无影无踪。

这一切发生得太突然，爸爸妈妈还没来得及反应，聪聪和乐乐就不见了。爸爸赶紧和妈妈拉着剩下的碳宝，跑到有孔虫的身体里躲藏起来。

米粒吓得哭了起来，她没想到这次旅行会这么凶险。

妈妈抚摸着米粒，让她安静下来。这时候，爸爸清了清嗓子，说道：“大家不用害怕。我们碳宝们天生就有抵抗能力，除非特殊情况，

我们碳宝是没有生命危险的。我们还有机会与聪聪乐乐汇合。”

可是，爸爸的眼神里分明还是充满了担心，这可逃不过妈妈的眼睛。

在自然界中，各种稳定元素，一般不会自然消失。他们不怕各种恶劣环境，无外乎是和各种其他元素分分合合。可是，在外部世界，没有了爸爸妈妈的照顾，万一遇到复杂的特殊情况，聪聪和乐乐能照顾好自己吗?

# 7 有孔虫里的钙护卫

爸爸带领着碳宝们在有孔虫的身体里穿行，突然前面吵吵嚷嚷，原来是有孔虫体内的护卫在巡逻。这些护卫人高马大，手里拿着两头叉，看起来有点凶。只听他们的首领说道：“钙小二，你去边上看一看。”

碳宝们知道了，原来这些护卫叫做钙(Ca)。只见钙小二向碳宝们这边走来，越来越近。

碳宝们很紧张，紧紧地围绕在爸爸身边。可是碳宝们还是被钙护卫发现了。

钙护卫长看到碳宝们，非常高兴。他们正需要碳宝们来帮助建造城市围墙。不容分说，钙护卫们就押着碳宝们朝有孔虫身体边界走去。

在那里，碳宝们看到了一道巨大的厚厚的墙。这些墙上面有很多碳宝们被困在那里，居然还是和钙护卫一起，形成碳酸钙分子($CaCO_3$)。

说实话，碳宝们一点也不喜欢钙护卫，可是在这样的情况下，他们暂时也没有其他什么好办法。

为了防止碳宝们跑掉，每一个钙护卫都用手拉住碳宝们，加入到城市围墙中。这一下，碳宝们失去了自由。碳宝们所在的城墙，其实是有孔虫

的外壳，全都是由$CaCO_3$组成的，非常坚硬，是保护有孔虫的最佳材料。

站在这道$CaCO_3$建造的外部城墙上远眺，碳宝们这才发现，外面的世界好震撼！

在远处，一座座的彩色高山连绵不绝，那是珊瑚虫骨骼形成的珊瑚，五颜六色的。在珊瑚中间，好多小丑鱼在穿梭往来。色彩各异的石斑鱼也在不停地游动，忽然之间这些鱼吓得赶紧躲进珊瑚里。原来附近游来了一条大鲨鱼。这条鲨鱼不紧不慢地游着，看似漫不经心，其实它的眼睛一直盯着四周，在寻找食物。

在近处，淘淘突然发现了一种奇怪的东西。那东西看似透明，可是会一张一缩地动，原来是只透明的水母。

这时，有孔虫也看到了水母，吓得赶紧逃窜。这个看似温顺的水母，正是这些浮游生物的克星。

淘淘非常高兴，他从小就喜欢研究各种生物，这次有机会看到真正的生物，真是不虚此行。只是现在他被钙护卫拉着，失去了自由，有点郁闷。但是，一想到爸爸妈妈和其他碳宝都在身边，不用担心大家走散，而且还有这么多风景和动物可看，也不是一件什么坏事情。现在，自己刚好随着有孔虫去旅行，就当坐了免费旅行车，其费用就是帮着有孔虫守卫边界。想到这些，他心情又好了起来。

有孔虫

熙熙想起了聪聪和乐乐，不免为他们担忧，不知道他们去了哪里。这时，她突然想起之前大家还在讨论不同环境里氧宠物的含量。她仔细观察了一下四周，立刻意识到，聪聪她们说得很对，四周海水里的氧宠物里有很多氧十八（$^{18}O$）。这和雨水里的情形不太一样——在雨水里，很少见到$^{18}O$。

地球南极结冰

在地球的两极，温度很低，从海洋上空飘过去的水蒸气含有更多的较轻的氧十六（$^{16}O$），在地球两极遇冷形成降雪结成冰。这些水蒸气结成的冰里含有更多的$^{16}O$和较少的$^{18}O$。天气越冷，地球两极的冰越多，被封存住的$^{16}O$就越多。相应地，在海洋里，$^{16}O$变少，$^{18}O$就变相对多。如果天气变热了，地球两极的冰开始融化，水重新注入海洋，这些水含有丰富的$^{16}O$，这样就补充了海洋里的$^{16}O$，从而使得$^{18}O$的含量相对变少。而有孔虫在建造自己的$CaCO_3$壳时，能够利用的氧宠物就和当时海水的氧有关。如果海水中$^{16}O$多，它壳里的$^{16}O$就多，反之，就少。

所以科学家会关注海洋沉积物里的有孔虫壳体。他们在放大镜下把这些壳体挑拣出来，然后放在科学仪器里面测量其中$^{18}O$和$^{16}O$的含量。如果$^{16}O$偏多，说明当时天气热，大量冰盖融化，富含$^{16}O$的淡水重新注入海洋，海平面升高。如果$^{16}O$偏少，说明当时全球温度低，大量

冰盖形成，海平面下降。

原来有孔虫壳里氧宠物的特征（$^{18}O$和$^{16}O$的相对含量）还隐藏着这么重要的自然秘密。

**小贴士：**

有孔虫壳体中$^{18}O$和$^{16}O$的相对含量蕴含着丰富的科学信息。第一个对其进行系统测量的科学家是英国剑桥大学的教授Nickolas John Shackleton。在20世纪60年代，他在读博士学位期间改进了同位素质谱仪，使得分析有孔虫壳体成为可能。他的研究发现，海水中$^{18}O$和$^{16}O$的变化主要是两极冰盖体积变化引起的，从此揭开了有孔虫壳体中的科学谜团。为此，Shackleton教授被称为“深海氧同位素之父”。

有孔虫的生命周期并不长，一般只有一两年。这个有孔虫已经很老了，它游得越来越慢，最后终于停止了游动。

这下不得了，有孔虫的身躯开始往深海里一直下沉。

随着深度增加，四周的光线越来越暗，颜色从深蓝色慢慢变成灰蓝色，最后变得一片漆黑。

这下熙熙可着急了。她是来寻找世界之美的，可是这里漆黑一片，什么也看不到。看到自己的理想实现不了了，她忍不住放声大哭起来。

妈妈安慰她道：“熙熙，不用担心，我们碳宝一家人在一起，哪里都是家。我可以肯定地告诉你，海底世界一样漂亮。”

“真的吗？”听妈妈这么一说，熙熙把眼泪擦了擦，半信半疑地问道，破涕为笑。

# 8 海底世界

海底世界并不平静。

碳宝们随着虫壳落在了海底一座小山上。这个山上的很多元素，碳宝们都没见到过。这座小山上的岩石是黑乎乎的（黑色玄武岩），形状有点儿像人们睡的枕头。

在小山坑坑洼洼的地方，各种虫壳堆积成厚厚的一层，看起来这里已经很久很久没有被打扰过。

爸爸问了一下身边其他虫壳里被封存的碳宝："老兄，劳驾问一下，这里到底是什么地方？"

这时身边一个声音很低沉的老者回答道："欢迎新来的伙伴，我已经在这里沉积了1亿多年了。当初我降落的时候是在一个洋中脊附近，现在我们估计应该到了海洋和大陆的交界边缘了。"

"洋中脊是什么地方？"熙熙有点好奇。这是她第一次听说这样的地方。

"洋中脊很特别，听这个名字就知道，这是在大洋的中间部位产生的像脊椎一样伸展的东西。"碳宝老前辈耐心地回答道。

“在洋中脊这个地方，经常发生火山爆发，洋中脊下面有巨大的岩浆房，炙热的岩浆从洋中脊的裂缝中喷出，岩浆碰到水以后，会快速地凝结成枕头状的团块。时间一长，我还发现，这些新凝结的岩浆把海洋的洋壳向两边推挤，每年大概能推好几厘米。”碳宝老前辈眯着眼睛，边说边若有所思。

**小贴士：**

海底存在着大量黑乎乎的玄武岩。在日本的兵库县玄武洞发现了这类岩石，于是就这样被命名为玄武岩了。地下岩浆慢慢上涌，较轻的成分最先从大洋中脊处喷发出，就形成了这类岩石，成为洋壳的主要成分。在月亮表面，我们可以观测到暗色的月海，其成分也是玄武岩。

熙熙数学不错，她听说海底洋壳会每年移动好几厘米，心里演算着。假设每年移动5厘米，十年就是半米，一百年是5米，一千年50

海底枕状玄武岩

米，一万年500米，十万年5公里。熙熙算到十万年的时候，觉察到洋壳移动的距离已经不算短了。看起来洋壳移动很难，肉眼无法察觉，可是，时间才积累到十万年，就已经到了5公里。

熙熙干脆再接再厉，接着推算。一百万年是50公里，十个百万年是500公里，一百个百万年就是5000公里！

难道说碳宝老爷爷是从5000多公里外面，随着洋壳一路慢慢移动到这里的？

爸爸也吃了一惊，虽说百万年对碳宝们来说并不是个特别陌生的数字，但是这个老者已经在这里待了1亿多年了，还是让他感觉不可思议。

空中之城自建造以来，有很多的碳宝前辈们离开再也没有回来过。没想到居然有碳宝前辈被困在这么黑暗的地方。难道爸爸他们也要重蹈这个命运？

“您是1亿多年前离开空中之城的前辈吗？”爸爸试探地问道。

“没错，空中之城发展得不错，自到了这儿，陆陆续续总有后辈们降落在这里，给我带来空中之城的消息。但是看得出，空中之城的邻居们变化了不少。”碳宝老前辈回答道。

“老爷爷，在这里难道不闷吗？”海伦问道。

“怎么会闷呢？这里的世界很精彩。过去这1亿多年，我看到这里

洋壳在洋中脊产生，在大陆边上俯冲消亡过程

的动物一直在演变，也能凭借海洋里的$^{16}O$和$^{18}O$出现的频次来判断外面世界的冷暖，也经历了各种海底大事件。”碳宝老前辈朗声说道。

“原来您也发现了氧宠物的秘密！”淘淘笑着说道，“乐乐和聪聪为此还吵架呢。”

“老爷爷，您说的大事件可怕吗？”米粒问道。她最关心的是这里到底安全不安全。

“这里相对来说还算比较安全，不过在我沉积这里的几十个百万年后（此时，地球处于白垩纪），海底就热闹起来了。忽然间在很短的时间内从海底喷出来好多玄武岩，我们四周也分布了许多。这些玄武岩后来被各种沉积物覆盖起来。我们这里地势比较高，所以还能看到露出来的一些。”碳宝前辈把往事又叙述了一遍，“不过，有些生物就遭殃了，在这样剧烈的环境中灭绝了。”

“这海底下面还有生物？”海伦接着问。

“当然有，而且还不止一种。”

正在谈话的时候，远处出现了一丝亮光。亮光越来越近，好像是一盏亮灯正慢慢朝这边靠近。等到近前了，熙熙才发现这是一条巨型大鱼，它的嘴巴前面吊着一盏闪闪明灯，把四周照得忽明忽暗。

小贴士：

在海水浅部，生物能够享受穿过水层的阳光。可是在很深的海底，阳光无法穿透。在这里，各种生物利用生物发电技术，自己发光，来照亮自己周围的小世界。此外，这种生物光还可以吸引其他也喜欢光的生物，增大捕食的机会。

熙熙好久没看到这么好看的光线了，真想飘过去，仔细看看。想动的时候才再次感受到自己原来被困在$CaCO_3$虫壳里。

突然，海底震动起来。

# 9 海底黑烟囱

碳宝们感觉到身体一晃，地下发出轰隆隆的声音。原来是地震了。

“不要惊慌，这里经常发生地震，而且还有热气从地下冒出来。”碳宝前辈说道。看起来他见多了，一点都不惊慌。

看来地下很热，不然怎么会有热气冒出来。

果然，在他们身边不远处，矗立着一座黑色的高塔。黑塔的上面有一些缝隙，从里面源源不断地冒出黑烟，就像一座“黑烟囱”。

奇怪的是，在热气腾腾的黑烟囱上长着很多奇形怪状的生物。这些生物和在海面上遇到的绿色生物完全不一样，身体是透明的，或者是白色的。有的身体很长，像一根长长的管子，在黑烟囱边上随着海底水流轻微地晃动，很是惬意。

“快看！还有小虾和螃蟹！”海伦惊喜地叫了起来。

居然还有虾和螃蟹，他们的身体和海面上见到的不完全一样。尤其螃蟹居然是半透明的。

他们生活所需的能量是从哪里来的呢？虾米、螃蟹可以吃浮游生物和这些白色生物吧？但是烟囱上的透明生物靠什么生存呢？

这时候从黑烟囱生物的身体里飘出了硫宠物(S)和氧宠物。这些硫宠物颜色是黄黄的，很快就沉淀在黑烟囱周围。而氧宠物则兴奋地飘着，祝贺自己重新获得了自由。

氧宠物和硫宠物是近亲，化学性质有类似的地方。不过硫宠物身体里有16个质子，中子数目有16到19不等。较为常见的是$^{32}S$、$^{33}S$和$^{34}S$，$^{35}S$则较为少见。

根据碳宝们的经验，硫宠物和氧宠物肯定是参与了黑烟囱生物身体里的某种循环。一定有氢宝们携带能量，最后应该也有其他碳宝参与，形成葡萄糖。这些过程他们已经经历过了。

不过重大的区别就是，在海面这些反应的能量来源是阳光，而在这么漆黑的地方，产生葡萄糖所需的能量到底是哪里来的呢？

这时候，从黑烟囱里面飘出来一个硫化氢分子($H_2S$)。和水分子比较类似，两个氢宝拉着一个硫宠物。

海底黑烟囱

我们的“外交官”淘淘赶紧上前，和这个顶着硫宠物的氢宝打招呼。等$H_2S$走近了，淘淘发现氢宝们拉着的硫宠物就是少见的最重的$^{35}S$。这个$H_2S$分子没有被利用，而是直接飘了出来，肯定是因为太重的缘故。淘淘和乐乐经常聊天，耳濡目染，也学会了一些基本的科学思维方式。有了科学的思考模式，很多问题看起来并没有那么难以回答。

淘淘和氢宝交谈起来，才了解到刚才氢宝们在黑烟囱生物身体里发生的事情。

原来在黑烟囱生物体内，生活着很多硫化细菌。他们专门负责把$H_2S$里的硫宠物替换成氧宠物，神奇的是，氧宠物和硫宠物还能继续手拉手形成硫酸根离子（$SO_4^{2-}$），在这些过程中会生成能量块。只要有了能量块，就能进一步把碳宝和水分子合并成葡萄糖。有些多余的硫宠物和氧宠物就被直接排出生物体外。

好神奇啊！居然不用阳光，利用硫化过程也能生成能量块。这碳宝们倒是头一次听说。不过眼见为实，对于生物来说，阳光并不是必需的，只要有能量存在，并能被利用，生物就有活动的动力源。

“地球还真是奇妙，在地球浅表有阳光照射的地方和海水深部没有太阳照射的地方，居然有不同类型的生物存活着，生活环境看似互不干扰。”淘淘不由得感叹道。

**小贴士：**

生命到底从哪里来？之前科学家认为，生命应该从浅部的海洋发展而来。在暗无天日的海底，没有阳光，光合作用不起作用，不会产生生命。可是，恰恰相反，在海底这种叫做黑烟囱的地方，科学家发现很多细菌生活得相当自在，它们喜欢高温高压，并利用海底热液喷发出的物质生存。要是把它们放在地表，反而无法生存。于是科学家开动脑筋，认为海底黑烟囱这类环境可与早期地球环境类比，因此可能蕴含着早期地球生命诞生的秘密。

“怎么可能不受干扰？！”海伦立刻表示反对，“我们不都从上面掉下来了吗？”

“是啊，刚才往下掉，还真吓人！”米粒补充道，一副心有余悸的样子。

淘淘吐了一下舌头，自己怎么就忘记了刚才确实掉下来打扰了海底的生活。

## 10

# 海底神奇往事

“刚才这个小姑娘说得很有道理，从上面掉下来的生物确实会对下面的生活环境产生重要影响。有些生物天天就在下面守着，等着天上掉下吃的。这些掉下来的生物躯体，在海底会慢慢分解，消耗氧宠物，这样海底就会慢慢变成一种缺氧状态。”爷爷补充道。

“海底还能变成无氧状态？”熙熙可不会放过这么有趣的话题。

“当然了，在白垩纪中期的时候，大约是在我到达这里25个百万年之后，我亲身经历了很多次这样的缺氧事件。在很短的时间内，海底的氧气就不见了。当然，大量靠氧气生活的生物也就灭绝了。之后海底又恢复原貌。然后，氧宠物再次失踪，如此反复好多次。我把这些事件叫做大洋缺氧事件（英文缩写：OAE）。”

“当时还会有些什么重大变化？”爷爷的话引起淘淘的兴趣，他可不想放过其他细节。

“让我好好想想……哦，想起来了！就是突然之间从头顶上落下来好多死亡的生物，很快就埋了厚厚一层。就如同我刚才所说的，氧宠物喜欢有机体里的碳宝们，就把碳宝和氢宝变成$CO_2$和$H_2O$的形式，

海底的氧气自然就消耗没了。这样沉积物中的碳成分就容易保存，其颜色就变成黑乎乎的了。”

对于这个过程，碳宝们一点都不陌生，他们变成葡萄糖后，经历过一次氧宠物和氢宝争抢的过程。氧宠物确实是把有机碳又变成了$CO_2$。

“还有什么好玩的事情吗？”米粒小声地问道。她对爷爷讲的经历也越来越好奇了。

“好玩的事情呢……对了，还有这么一件事，大约在55个百万年之前，我发觉海水的温度突然升高了很多，大量的碳宝加入到了海洋里。”

“有像爸爸这样大肚子比较明显的碳宝吗？”熙熙追问道。她似乎想起什么来了。

“再让我想想……这些新来的碳宝身体都比较轻盈，很少有大肚子的$^{13}C$。”

“这说明，这些新来的碳宝经过生物挑选了。”熙熙边想边说，“生物不喜欢$^{13}C$，它太重了，他们更喜欢轻盈的$^{12}C$。”

“你这个小鬼说得还真是有道理！我想了这么多年都没想通的事情，居然让你点透了。”听了熙熙的解释，老爷爷感到很兴奋，忍不住夸奖起来。

“我是在经历光合作用时，从爸爸的经历里总结出来的。”熙熙用手挠了挠后脑。被老爷爷这么一夸奖，她还有点不好意思。

爸爸一听又好气又好笑。不过，孩子们能够在经历中仔细观察，学到新知识，这点还是很值得赞赏的。

“这些新来的碳宝好厉害，我身边好多的碳酸钙都被慢慢溶解了。我当时也想让他们帮忙，可是我这块虫壳太大，而且埋藏得也深，碳宝们够不着，所以我就留了下来。”老爷爷话音中透露出一丝的无奈。

“这些碳宝从哪里来？后来他们又去哪里了？”熙熙继续追问。

“这我可不太清楚，不过，在当时，海底突然喷发了很多火山，大量的火山岩浆冒出来，而且同时还喷出来好多碳宝。对我来说，这些碳宝又是我的老前辈了。这些碳宝到底是什么时间被循环到地下的？据说发生在我之前几亿年前的时候。”

“这么古老！”淘淘惊奇得吐了吐舌头。

“是啊，看来我们碳宝的老祖宗可能要追溯到很久很久以前了。当这些大量的前辈碳宝离开海底后，很快，我就感觉海洋上面的生物繁盛了。我估计肯定和这些前辈碳宝有关系。他们出去后，肯定会造成全球环境的重大改变——他们一定是通过某些机制，导致海洋营养丰富。”

“不过，过了一阵子海底气温又变低，说明这些多余的碳宝慢慢被循环走了。要知道，我们碳宝就是在循环的。只不过我被封存在这里太多年头了，不知道何时是个尽头。”老爷爷说得有些累了，不过话音一转，他又开心起来，“好久没有说这么多话了。今天碰到你们这群爱聊天的小碳宝，我真高兴。”

“我们也很高兴认识您，爷爷！”爸爸、淘淘和熙熙异口同声地说。

“爷爷，您让我们知道好多事情，我们长见识了。”熙熙真诚地说。这会儿她突然感到，其实和陌生人交流并没有那么困难啊，就像这会儿听爷爷讲经历，多么有趣啊。如果不敢问、不敢说，就啥也不知道了，自己也推导不出新的看法。想到这，她心里暗暗高兴，觉得自己多了几分自信。

“淘淘，我们来猜一猜。”熙熙似乎又想到什么，“按照这个老爷爷的说法，过去发生了那么多的大洋缺氧事件，大量的有机质被埋藏。我们已经知道了有机质中$^{12}$C多$^{13}$C少，那么有机质被大量埋藏后，海洋里的$^{13}$C会怎么变化？”

聪聪和乐乐不在场，熙熙和淘淘就成了科学明星。他们的科学热情也被激发了出来。

“你这雕虫小技可难不住我。大量$^{12}$C随着有机质被埋藏起来，海洋里当然$^{13}$C会偏多一些。而且我可以预测生活在海洋里的这些虫壳，会借用海洋里的$^{13}$C，其身体里的$^{13}$C含量也会偏多一些。”淘淘对自己的回答很满意，得意地歪着脑袋，乐呵呵地看着熙熙说。

熙熙频频点头：“嗯，大概是这样。”碳宝们经常会互相考一些小问题。随着循环经历的增加，他们的知识也在增长，还学会了根据自己路上看到的现象进行进一步推理。

老爷爷不知道熙熙和淘淘刚才在讨论什么问题，不过他觉得这两个孩子好像非常聪明。

“既然你们知道这么多事情，我还有一个经历，今天一定要告诉你们。”爷爷接着说。

“自从大约51百万年起，地球上的气温就整体慢慢下降。不过太多细节我记不清楚了。大约在2.7个百万年的时候，我们这里经历了一次快速变冷的过程，明显感觉到从海面上掉下来的生物少了很多。上面的海水和下面的海水也不怎么交换了，海底的氧宠物也变少了。在这之后，海水每过一段时间就变冷，然后再变暖。”老爷爷的记忆力还真是好。“还有一件事情很有趣，就是我发现这种冷暖变化具有很强的周期性。”

**小贴士：**

海洋既是生命的摇篮，也可能成为生命的墓地。在地质历史时期中，海洋环境发生着翻天覆地的变化。有时候缺氧，这时候对应的沉积物是黑色的。有时候氧气含量很高，在海底形成氧化环境，这时候对应的沉积物是红色的，叫做大洋红层。科学家根据这种颜色的变化，可以判断出在过去海洋环境中到底发生了什么。

“什么叫周期性？”熙熙问道，对新鲜事物她也绝不放过。

“周期性就是出现的事情，过一段时间会重复出现。”爸爸回答道。

“这个我清楚，天上的太阳每天升起然后降下，然后再升起再降下，周期为一天。”海伦说道。

“我也知道，天上的月亮看起来也在慢慢变化，一个月一个周期。”淘淘补充说道。

“对，对，你们说得非常对。周期就是这个意思。不过不同事情的周期是不一样的。”老爷爷接着说。

“那您所说的周期是多长？”熙熙真有点打破砂锅问到底的劲头。

“10万年！4万年和2万年！”老爷爷回答。

熙熙吃惊得睁大眼睛。

“爷爷，您说的是海洋冷暖具有以上这些周期变化吗？”熙熙怀疑地问道。她心想，10万年，这到底是多长啊！

“对啊，对应以上这些周期，海洋的温度就这么反复地变化着，一阵冷，一阵暖。”老爷爷慢悠悠地说。

“那我们碳宝的含量也会有这些变化周期了？”淘淘问道。

“我觉得是！”老爷爷肯定地回答。

熙熙若有所思，她突然发现在这么长的时间尺度上，碳宝的命运居然被一双看不见的手在掌控着！

“多亏您这么长时间一直待在海底，经历了这些事情，不然后来的碳宝们谁会知道曾经发生过这么多有趣的事情。非常感谢您老人家的分享啊！”妈妈这时插了一句。她一直在旁边静静地听着爷爷和孩子们的对话。老爷爷在这么长时间里被固定在海底、不能进入新循环，还能够用心地体会着漫长岁月中外面世界的种种变化，并从中思考，分享给新来的碳宝们。这种乐观开朗的精神，着实让妈妈钦佩不已。“是啊，老爷爷，您的经历还真是丰富，简直成了百科全书了。”熙熙不由得赞叹道。

“要是我，还不被闷死了。老爷爷在海底呆了150个百万年！这么长时间，我可受不了。”海伦发表了自己的观点。

“妈妈，我们也会在海底待上几百万年吗？”小米粒有些担忧地问妈妈。

“从我们目前的位置来看，应该不会待那么久。”妈妈估摸着说，很难给出明确的答复，“但是我们也可能在其他地方待上很长的时间。不论在哪里，你们不要放弃、不要焦虑，要用心去体会，在循环中慢慢成长。”

是呀，谁也不知道循环之旅的路上会发生什么，是快速进入新的循环，还是在某个环节停滞上万年甚至百万年？妈妈看了看身边满脸稚气的碳宝们，希望孩子们能从爷爷的经历中学会如何面对旅途中可能遇到的沟沟坎坎。

“爷爷……爷爷！”淘淘的脑子总是那么活络，他又有新问题了，“您能告诉我们现在处于什么时间段吗？地球是在变冷还是在变暖？”淘淘问道。

确实，碳宝们刚从空中之城下来，还不知道地球现在的具体状态。

“我记得之前是个暖时期（处于海洋同位素5阶，简称MISS），过了差不多几万年。你们就落下来了。”爷爷回答道。

“好神奇啊，老爷爷，您是怎么把时间搞得这么清楚的。100多个百万年前，几十个百万年前，几万年前的事情您全都心里有数，记忆力真好。”淘淘由衷地赞叹。他要是有这么好的记忆力，在空中之城上学考试就不会头疼了。

妈妈在一边听着淘淘这样说，暗自好笑。平日里淘淘不爱复习功课，其实他脑子好用得很，经常说要是有记忆药丸就好了。

“这可是一个好问题！我自己哪里有这么神通广大的本事，知道到底是哪一年。开始我还一天一天地数，很快就数糊涂了。幸好我身边还住着一些铀元素和铅元素，利用他们的放射性，就能计算出具体的时间了。”

“放射性？”熙熙第一次听到这个词，这太深奥了，超出了她能理解的范围。

这时，大家把目光都转向了爸爸。显而易见，该无所不知的爸爸出手了。

“咳……咳……”爸爸先卖了个关子。

“具有放射性的元素不稳定，会定期定量地从他们身体内发射出一些粒子，从而变成另外的元素。比如，假设初始有100个铀离子，在10亿年里，会有50个铀离子衰变成铅离子。请问如果最后剩下25个铀离子，还需要多少年？”爸爸问道。

“10亿年里，铀离子消耗一半。铀离子从50个衰变剩下25个，也是消耗了一半，当然需要再花费10亿年了！”乐乐分析道。

爸爸欣慰地点点头。

碳宝们慢慢体会到了为什么要让他们长大后参与一次碳循环旅行了。这才出来没多久，就已经见识了这么多新奇的事物。这些绝对不是平时在空中之城可以学到的。

# 11 海底深渊

海底的地震越来越频繁，和爷爷一样，碳宝们开始会对这种大的震动感到惊慌，慢慢地大家也都习以为常了。

可是，这一天的情况和以往不太一样。碳宝们能明显地感觉到脚底下强烈地震动起来，一次比一次强烈。突然，碳宝们所在的这一个虫壳从山顶上被震落，顺着山坡往下滚。在滚动的过程中，虫壳破裂，爸爸妈妈从大虫壳上掉下来。这时候，海水变得更加动荡，爸爸妈妈所在的小块虫壳被海底水流裹挟起来，混合着其他物质，向前方流去。

淘淘、熙熙、海伦和米粒还留在大块虫壳上。他们继续顺着山坡一直往下滚，而且速度越来越快。碳宝们这才发现，原来在他们身处的小山背后是一个黑魆魆的深渊，深不见底。海水传来水压，碳宝们明显感觉到这种压力越来越大了。

虫壳继续往下掉，似乎没有停留下来的迹象。突然，海伦发现身边其他的碳酸钙分子开始溶解了。借着发光生物偶尔闪现的光线，他们发现脚底下不远处有一条界线（碳酸盐补偿深度界线，碳酸钙只能在这个界线之上存在，在界线之下，更深的地方，碳酸盐就溶解

了）。$CaCO_3$沉积物在这条线之下就完全消失了，这条线就像陆地上看到的雪线一样。

**小贴士：**

碳酸盐补偿深度可以理解为高山上看到的雪线。高于这条线，雪可以积存。低于这条线，雪就会融化。所以，我们在看雪山的时候，只有半山腰之上才能欣赏到积雪带来的震撼。在海面以下，也存在类似的现象，叫做碳酸盐补偿深度。在这个深度之上，碳酸盐才能保存，之下就会被溶解。在北太平洋地区，这个碳酸盐补偿深度相对较浅，所以，很多生物死后的壳体无法保存，也就不能被用来做相关的研究了。

“大家小心！有新情况！”海伦紧张地喊了一声，希望能引起大家的警惕。

就在刚跨越这个碳酸盐补偿深度界线后，虫壳逐渐解体。爸爸和妈妈身处虫壳外围，他们身处的一小块虫壳碎片随着上升流飘走了。

就在这个时候，其他碳宝们所在的虫壳混入了一起掉下来的沉积物中，和海水隔离了，剩下的碳宝们暂时安全了。

他们不想再分开。大家坚守在一起，互相鼓励。尤其是米粒，小手一直拉着淘淘丝毫不敢放松。没有了爸爸和妈妈在身边，海伦都吓傻了。她可从来没经历过没有爸爸妈妈在身边的情况。海伦紧紧地拉着淘淘和熙熙，似乎这样才能从中获得一点安全感。

爸爸、妈妈、聪聪和乐乐不在身边了，淘淘变得坚强起来。以前他总是受到爸爸妈妈的照顾，而此时，他要负起责任，照顾好身边的熙熙、海伦和米粒。

这个深渊实在太深，碳宝们掉了很久才到底，根据推算，估计起码有十几公里。这么深的深渊是怎么形成的呢？

淘淘他们之前和碳宝老爷爷聊天时，已经获得了不少知识。海底沉积物下面是十几公里厚的洋壳。这些洋壳慢慢移动，速度就像人类长指甲的速度，每年移动个几厘米。可别小看这个速度，在一个百万年内，洋壳能移动几百公里。这么长距离，居然通过每年这么微小的移动一点一点地累积而成，不由得让小朋友对时间有了一个全新的理解。尤其单位是一个百万年(Ma)的时候，这可真不是一个小数字。

和洋壳相比，陆地的厚度就大多了，有30到40公里那么厚。当海洋板块和陆地板块相碰撞时，陆地板块在上面，海洋板块在下面。比较重的、位置比较低的海洋板块被压弯，向地下俯冲。在俯冲的地方，就能够形成10公里左右深的大海沟。

在这么深的地方，承受着十几公里深度的海水带来的巨大压力，从海面掉下来的生物要是没有保护，肯定无法存活。可是，世界就是这么神奇，在这么深的海沟下面居然也有生物在活动。他们早就适应了这里巨大的水压。当然，要是把这深渊里的生物直接捞出水面，外界压力骤然减少，他们体内的压力都可能把他们的肚子胀破，肯定也活不成了。所以，生物对自己熟悉的环境最为适应，环境突然改变，就有可能造成他们的不适应，甚至灭绝。

这个深渊就像一个漏斗。从深渊上方，不停地掉下一些物质，告诉外面发生的一切。这些物质可以从陆壳这一边掉下来，也可以从洋壳这一边掉下来。深渊底部是个狭小的地方，这里的水流怎么流动、物质怎么沉积、生物怎么循环，目前还都需要进一步研究。主要原因是这里太深了，如果不到达这里，怎么可能知道这里居然还有生物。

淘淘他们感觉到这里的地震活动强烈，同时感觉到他们身处的地方在缓慢向下运动，难道他们还会被继续带往地球更深的地方？

# 12 碳宝搭救同伴

碳宝一家人在旅程中接二连三地遇到险情，但是他们并没有特别慌张。在出发前，爸爸就已经做了险情教育。在遇到险情的时候，不要紧张，首先要坚信大家还会聚到一起的。其次，要相互照顾。如果落单了，就要努力和身边的元素合作，一起战胜困难。

聪聪和乐乐被狂风吹走，和爸爸他们走散了。他们两个肩靠肩在狂风中保持稳定。在高空，他们看到，风正把他们吹向西边的陆地。

陆地上的环境和海洋完全不一样。之前在空中之城看到脚下的世界有蓝色，有绿色，还有黄色，现在都真实地展现在面前。

风渐渐减弱，聪聪和乐乐落在一大片光秃秃的岩石上休息。

身边的岩石之城非常坚固，里面也有很多碳宝，但是他们都不能自由移动。乐乐仔细一看，原来碳宝们全都被钙离子拉住($CaCO_3$)，动弹不得。

“你们是怎么被困在这里的？”乐乐问道。

“这可是说来话长，”离乐乐最近的一个$CaCO_3$里的碳宝回答道，“我们被这些钙护卫给囚禁了。当初我们作为生物的壳体保护生

物也就算了，可是生物死后，我们好像就没人管了，一直沉积到海底，然后海底抬升后，我们就露出了水面。”

听完了这个碳宝的叙述，乐乐和聪聪第一个反应就是，爸爸他们是不是也会遇到这样的情况，因为他们目前肯定还在海洋里。

“我们已经被困在这里很多年了。你们把我们救出去吧。”这个碳宝向乐乐和聪聪求助道。

“我们怎么才能搭救你呢？我们目前还是气体状态，飘来飘去，根本就进不去你们这个固体之城啊。”乐乐一筹莫展。

就在这时，下起了一阵小雨。这些小雨滴打在这些碳酸钙石头上，发出啪啪的清脆声响，时不时地溅起很多小水珠，很是好看。

聪聪灵机一动，说道：“乐乐，当初我们离开空中之城就是借助雨水，我们这次看看能否搭乘雨水进入这个固体之城。”

“这是个好主意，我们来试试看。”乐乐回答道。

于是，他们俩拉住水分子，趁机钻进了固体之城。

碳宝和水分子真是一个完美的结合。他们既能够手拉手在一起，形成碳酸：

$$H_2O + CO_2 \longrightarrow H_2CO_3$$

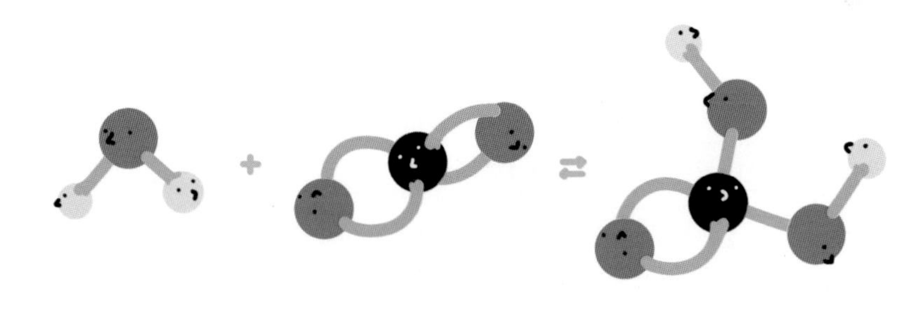

二氧化碳和水反应生成碳酸的结构变化

又能够顺利地分开：

$$H_2CO_3 \longrightarrow H_2O + CO_2$$

碳酸有个神奇的性质，有了碳宝的帮助，氢宝们就不用两个氢宝拉住一个氧宠物，这样其中一个氢宝就能松手休息一会儿，形成一个单独的氢离子($H^+$)和一个碳酸氢根离子($HCO_3^-$)：

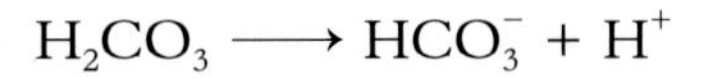

$$H_2CO_3 \longrightarrow HCO_3^- + H^+$$

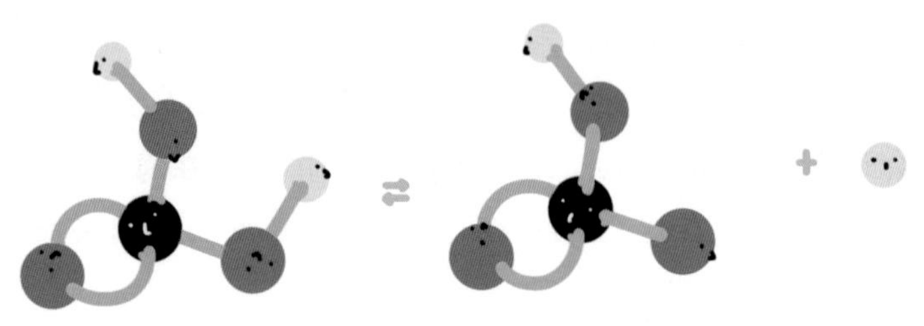

碳酸分解成为碳酸氢根离子、氢离子的过程

碳酸氢根离子($HCO_3^-$)可以继续分解：

$$HCO_3^- \longrightarrow CO_3^{2-} + H^+$$

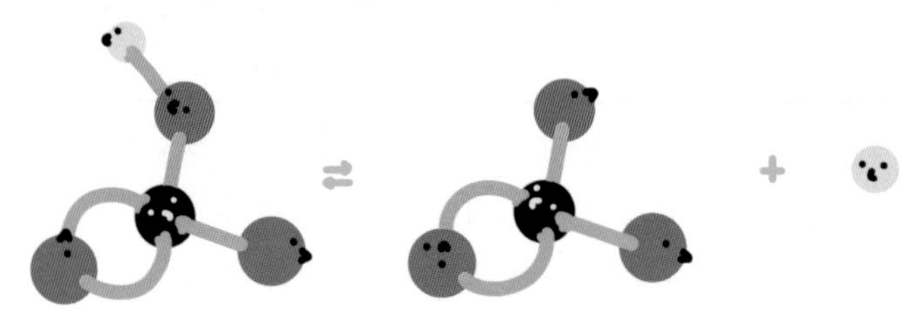

碳酸氢根继续分解为碳酸根和氢离子

**小贴士：**

分子就如同用原子搭建起来的乐高玩具。有的插件插得比较牢靠，有的则较为松散。这些松散的零件会时常掉下来。不过，小朋友可以利用这些零件搭建新的玩具。在碳酸这个玩具中，氢离子这个构件不是很稳定，而碳和氧这两个零件就结合得非常稳定。碳酸在水中逐渐分解的过程，其实就是把碳酸中两个氢零件逐个拔下来的过程。

在水中，$CaCO_3$也暂时发生了溶解，形成钙离子($Ca^{2+}$)和碳酸根离子($CO_3^{2-}$)：

$$CaCO_3 \longrightarrow Ca^{2+} + CO_3^{2-}$$

碳酸根会不停地反抗钙护卫，尤其在水中，固体的碳酸钙会发生短暂的分子分解现象，但是，很快钙护卫又会把碳酸根紧紧抱住。这个过程虽然很短，但是也需要一点时间。

就在这么短的时间内，当钙离子转身要去抓碳酸根离子($CO_3^{2-}$)时，聪聪赶紧大喊："氢宝，赶快前去帮忙！"

氢宝一看，挺身而进，抢先和碳酸根离子拉在一起，形成另外一个碳酸氢根离子($HCO_3^-$)。两个碳酸根离子夺路而出，跟着水分子大部队流走了。

这个过程可以这么描述：

$$CaCO_3 + CO_2 + H_2O \longrightarrow Ca(HCO_3)_2$$

从上面可以清晰地看出，当有了氢宝的参与后，碳宝和氢宝一起发力，力量对比就发生了重大变化。碳宝和氢宝密切合作，所谓"好汉难敌四手"，此时，钙护卫想要牢牢地抓住碳宝就不可能了。这时候碳宝对身边这个小个子氢宝刮目相看了。

"谢谢你，氢宝。要不是刚才你加盟进来，我们就又被钙离子护卫给抓回去了。"被解救的碳宝由衷地感谢道。

氢宝此时还有点不好意思，刚才是因为有乐乐帮忙，它才能独立出来，贪玩一会儿。这次不过是做回自己的本职工作了。

"不用谢，我们氢宝和碳宝都是好朋友。"氢宝被夸，脸都红了。主要原因还是因为自己刚才太贪玩了，把乐乐落下。

乐乐此时身上多了一个氢宝和一个氧宠物，是$HCO_3^-$的形式。他看出了刚才那个氢宝的心思。

"氢宝，你暂时先和这个碳宝合作，防止钙离子护卫反扑。对于你的氢宝和氧宠物朋友，我先帮你把他们照顾好。"乐乐说道。

"那多谢了。"

有了乐乐的支持，这个氢宝紧紧地抓住这个被解救的碳宝。

钙离子一看碳宝们逃脱了，哪里肯放过，就在身后紧随，寸步不离。只要$HCO_3^-$中的氢宝一掉队，钙护卫就会立刻上前，把碳宝再拦住。

此时，雨越下越大，岩石上形成了一小股水流。水流顺势而下，穿过岩石下边的草地，流进附近湍急的小溪，缓慢地穿过平原，最后在一个地势较低的地方，水流的速度降了下来。

13

# 偶遇磁铁矿和铀离子

水分子大部分渗透过地表，穿过一层砂岩，然后顺着裂缝来到一个溶洞的顶部，形成一个小水珠，暂时停在那里。

钙离子和碳宝们在这个水珠里形成平衡的态势。钙离子一直对碳宝们虎视眈眈，只要哪一个氢宝没劲了，手一松，他就要顺势把一个碳宝抢过来。

碳宝们环视了一下四周，发现在水分子大军里，还携带来了一些其他物质，其中有一种是颗粒状磁铁矿($Fe_3O_4$)。和碳宝相比，磁铁矿体型可就大多了。神奇的是，他们始终把头指向一个固定的方向。此外，还有少量铀元素，身上冒着光晕，还不时地从身体里发射出一些粒子。

好学的乐乐对新事物总是充满好奇。他从来没见过这样的事情，于是就向磁铁矿问道："你好，你叫什么名字啊？为什么头总是指向一个固定的方向？"

"你好，我叫磁铁矿，我们身体里有磁性。地球内部会发出来很强的磁场，我们受到地球磁场的作用，就会把头指向地球磁场的方向，也就是南北方向。"

"你说的磁场在哪里？"乐乐好奇地四处张望，"我怎么看不到啊？"

"磁场是看不到的，但是他们确实存在，只要是有磁的东西都会感受到。"

“那你们为什么总是低着头呢？”乐乐接着问。

“因为地球磁场的方向不是水平的哦。”磁铁矿回答道。

“既然你们随时可以响应地球磁场，那地球磁场变化了，你们的头也要重新定向了？”乐乐的科学精神又来了。

“那是当然。只要和我们在一起，你们就永远不会迷失方向。”

“为什么呢？”乐乐问。

“因为地球磁场基本指向南和北，所以我的头就指向北。”

一旁的聪聪听了连连点头，暗暗称奇。

**小贴士：**

自然介质中含有很多磁性矿物，大小一般在几个微米到几十个微米之间，我们肉眼可看不到。不过，地球磁场会对这些磁性颗粒产生力的作用，把它们按照地球磁场的方向排列，这样就记录了地球当时的地磁场信息，这个过程就如同磁带记录信息的过程。在实验室，科学家把这些磁信息用高精尖仪器测出来，相当于回放一下这个磁带。这门学科叫做“古地磁学”。磁铁矿是一种常见的磁性矿物，是古地磁学家研究得最深入的一种矿物。

她对身边的铀元素也感兴趣。“你们身上为什么会有粒子发出来？要是这些粒子再快些，都要撞破我的身子了。”

“我们叫铀元素，具有放射性。我们身体有太多的质子和中子，不是很稳定，于是就不得不发出一些粒子，让自己慢慢地变稳定，最后我们就转换成稳定的钍元素了。”

“哇，你们还可以变身？！难道你们一出生就是这样吗？我从来没有听说过一种元素还可以逐渐变成另外一种元素的。”聪聪一脸惊愕。

说话间，他们所在的水滴掉了下来，刚好掉在一个石笋的顶部。

这是一个巨大的地下洞穴，里面长着很多大小不一、形状各异、长长短短的石笋和石钟乳。

水分子们开始慢慢蒸发了。这时候，一个氢宝的手开始发酸，就在他要放手休息的瞬间，钙离子乘虚而入，重新和一个碳宝结合在一起形成碳酸钙（$CaCO_3$）。

$$CaO + CO_2 \longrightarrow CaCO_3$$

聪聪和乐乐一看没办法，只好重新飘起来。

这个碳宝最终没有被解救，不过他对能更换一个环境已经很满意了。这里有一些新的知识需要他去钻研。看来不只是聪聪和乐乐具有科研精神，碳家族里的大部分成员可能都有这个特点，这就决定了他们必定是这个世界的参与者与创造者，注定有不平凡的一生。

在碳酸钙逐渐固化的过程中，磁铁矿被身边的碳酸钙慢慢胶结住，也不能动了。它的头固定地指向了这一刻的地球磁场方向，无论后来的地球磁场方向再怎么变化，它的头也不能随便动了。

磁铁矿对此倒也不是特别在意，还调侃道："这下可好，无论多少年以后，大家都能根据我脑袋的指向来判断我们这一时刻地球磁场的方向了，一生中只要有一个主要贡献，也心满意足了。"

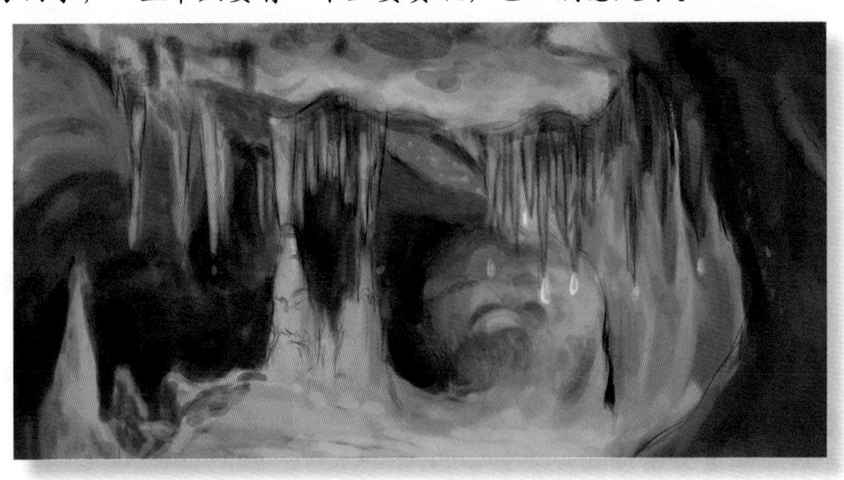

石笋与石钟乳

铀离子也遇到这种情况，被碳酸钙封闭起来。铀有一个放射性衰变法则，每过一段固定的时间，就会有一部分铀变成钍，这样就可以根据环境还剩下多少铀，以及生成了多少钍，知道他们在这个环境里生活了多少年。这大概就是海底老爷爷估算时间的方法吧。

# 14 地球降温与 $C_3$ 和 $C_4$ 植物

聪聪和乐乐又飘到空中，这时他们发现地球降温了。

碳宝们可能还不知道他们在大气中起到的作用。碳宝，尤其是二氧化碳形式，是一种温室气体。太阳光具有能量，光线照射到地球，有一部分能量又会跑回太空。可是有空中之城的碳宝守护着，这些能量就被截留下来，重新为地球所用，这样地球的热量就不会损失太多。

当天上的二氧化碳浓度变低时，地球上的热量就容易散失，地球就会变得冷些。地球上的植物对调节二氧化碳的浓度也起到了很重要的作用。植物吸收二氧化碳，放出氧，这样天上的氧增加，二氧化碳就变少，长此以往，地球就变得越来越冷。换句话说，植物有固碳的作用。反之，要是二氧化碳浓度很高，地球温度升高，要想降低地球的温度，就要增加更多的植物来帮助固碳。

除了这一种机制外，地球变冷还有一个重要的外在因素就是地球的天文轨道参数。比如，地球离太阳的距离、地球自转轴的角度等等。刚好，这些参数凑巧让太阳照在地球上的热量变得最小。于是，

一系列的现象开始出现了。这就是在海底时老前辈说过的过去一百多个百万年中看到的现象。

地球变冷，最主要的现象就是吹向地球两极的水蒸气更多地变成冰，海平面开始下降。在地球最冷的时候，海平面可以比最暖的时候低120米。

随着海平面的下降，原来浅水区就慢慢露出岩石和沉积物。

陆地上的植物也慢慢开始变化来适应变冷的天气。

聪聪和乐乐在空气中飘荡，他们一直在探寻爸爸他们的踪迹。就这样过了几千年，他们慢慢感觉到天气逐渐变冷。

这期间，偶尔他们也会跑到陆地植物的叶绿体里，重新玩一次循环，每次都是轻车熟路。

经验有时管用，有时又会造成困扰。这一次他们选择了玉米，遇到了新的情况。和之前的叶绿体相比，玉米叶肉叶绿体中的运输小车居然是$C_3$(磷酸烯醇式丙酮酸，简称PEP)结构。乐乐和聪聪一进入这样的叶绿体，这种$C_3$小车就把他们拉上，形成$C_4$，然后转移到维管束鞘细胞的叶绿体中。在那里，乐乐被放下，然后再来一辆$C_5$小火车，之后的过程和以前的类似了。这种光合作用因为先形成$C_4$结构，所以这种植物叫做$C_4$植物，比如玉米、甘蔗、高粱、苋菜。而原先的植物叫做$C_3$植物，如小麦、大豆、烟草、棉花等。

**小贴士：**

人身体里有血管，用来传递体液和营养物质。植物体内也有这种管状结构，叫做维管束，为植物体输导水分、无机盐和有机养料等。植物正是基于这种伟大的进化，才能够脱离水的环境，在陆地上扎根，从土壤和底层中吸收养分，并通过这种管状结构运输到植物的全身。

$C_3$和$C_4$植物的光合作用效率差别很大。$C_4$植物在碳宝含量很低时，也能够很好地生存，他们的光合效率高。相比较，$C_3$植物利用碳宝的效率就低很多。那么$C_4$植物的窍门在哪里呢？

这个问题当然不会被乐乐和聪聪放过。他们最大的乐趣就是发现问题、解决问题，一起相互切磋，思维越来越缜密。

“乐乐，你发现了这次光合作用和以往的不一样了吗？”聪聪很兴奋地说，她想和乐乐分享她的新发现。“这两种光合作用的效率区别在于如何把我们从空气中拉进叶绿体，方式不同，效果也不同。”

“的确如此，我觉得这种$C_3$小火车，速度和座椅舒适程度对我们碳宝来说更好。这样，哪怕只有一点碳宝，他们也乐意跑到这里来坐$C_3$小火车。”乐乐说道。

“不过，我还发现另外一个不同，就是把我们结合成葡萄糖的地点也有所不同。”聪聪进一步补充道，“$C_4$植物除了在叶肉里有叶绿体，在维管束鞘里也有，这样就增加了光合作用的场所，效率肯定提高了。”

“聪聪，你的观察力越来越强了！”乐乐忍不住夸奖聪聪。

“应该还不止这些，我们再想想。”这时，乐乐想起了一件事情。“在$C_3$植物里，每次我们被形成葡萄糖之后，很多葡萄糖来不及输出，就又变成更大的聚合体，好像叫做淀粉。排成长队的淀粉就把路都给堵了，我看到好多次小火车都开不动了，影响了效率。”

“乐乐，你提醒得好。”聪聪的思维也被激发了，“我们在$C_4$植物里从来就没发生过这种现象，这里生成的葡萄糖和淀粉很快就被运走，被植物直接利用，不会影响叶绿体光合作用工厂的工作效率。”

“在维管束鞘叶绿体里的氧宠物比在叶肉叶绿体里的少很多。在$C_3$植物里，光合作用只在叶肉叶绿体里进行，那里氧宠物多，看到葡萄糖就冲过来，因为他们更喜欢和我们碳元素在一起。所以，很多生成的葡萄糖就又被消耗掉了。”聪聪的话匣子一打开，就像流水哗哗地往外淌，“可是在$C_4$植物里就不会发生这种情况，如此一来，生成的葡萄糖就能更多地为植物服务，而不是重新被氧宠物拦住。”

这种聊天方式，乐乐和聪聪每天都在进行着，他们的知识在经历

和观察、交流与探讨中逐渐丰富，慢慢形成体系。知识体系就像一张网，只有把各种知识编在这张网里，敏感度才会提高。哪怕只有一点不同，都能被及时发现。

“最后，我还发现一点。”乐乐回想起几次在植物体内的循环，“经过几次在不同温度地区的碳旅行，我发现$C_3$植物主要在较冷的地区生长，而$C_4$植物在较热的地区生长。”

“这确实是个新发现。在较热的地区，阳光太强了，水分子容易蒸发，没有水分子，就不能生成NADPH，也就没有后续的事情。看来，植物既要吸收碳宝，还不能过多地开放叶绿体大门让水分蒸发掉。所以，在热带地区的$C_4$植物只能改变光合作用模式，利用PEP这种舒适的火车，在短时间内拉更多的碳宝。”聪聪接着分析。

“你说得有道理！按照我们的分析，$C_3$植物适合冷天气，$C_4$植物更喜欢热天气，我感觉地球的温度这些年来在慢慢变冷，这会不会影响$C_3$植物和$C_4$植物的分布呢？”乐乐问道。

“乐乐，你这个问题非常好。爸爸经常说实践出真知。我们这次旅行，不就是在实践中学习新知识吗？我们到外面的世界观察一圈，不就知道问题的答案了吗？”

乐乐一听聪聪的提议，正好说到他心坎里了，于是他们两个手拉手飘到高空。

15

# 海平面下降

这时候从西北边吹来一股强劲的冷风(东亚冬季风)，风里面夹杂着大量的尘土，一时间黄尘滚滚，遮天蔽日。

乐乐和聪聪从没见过这个阵势。他们俩被夹杂在熙熙攘攘的尘土中，一路从北向南吹去。在路途中，那些个头比较大、比较重的尘土颗粒逐渐降落到地面，一些较小的颗粒则随着风一起被吹到更远的东南方。

这种旅行方式很高效。乐乐和聪聪早已不是刚出家门的菜鸟，他们已经习惯了御风而行，不一会儿，他们就飘出了好远。

脚底下一大片的黄土地绵延上千公里，都是那些掉下去的颗粒沉积形成的，足足有两百多米厚。很明显，从西北到东南方向，大且重的颗粒肯定先掉下去，小而轻的颗粒则会被风传输得更远。因此，颗粒从西北到东南逐渐呈现由粗变细的趋势，刚好和西北冷风的方向一致。换句话说，我们也可以用这种颗粒由粗到细的趋势来判断风的运输方向。

这种冷风和当初把他们从海洋里吹过来的风完全不同。从海洋来的是暖风(东亚夏季风)，风里面夹杂着大量的水分子，把他们从东南往

西北方向吹。而这种冷风特别干燥，风向刚好相反，是从西北往东南吹。在它控制的范围里，地下的植被也少了很多，不像当初那样绿色满地的景象。

可是随着往东南方向飘，地面又慢慢增多了绿色。看来海洋的水汽能够影响这些东南部的地方。这样说来，他们离海洋越来越近了。是不是有机会能再次和爸爸他们相遇呢？

自从和爸爸妈妈走散，时间已经过去了很久，他们非常想念大家。

爸爸、妈妈、其他碳宝们，你们在哪里？

此时，有关$C_3$和$C_4$植物的分布问题，倒不是聪聪和乐乐特别关注的问题，不过很明显，越往温度高的地方，$C_4$植物确实多一点。

乐乐和聪聪来到海边，他们对这里保留着很深刻的记忆。

可是这次他们突然发现，原来的海岸线被远远地向东推进了。当初是浅海的地方，现在都裸露出来。

海平面下降了！

黄土高坡

不用说，这些减少的水都被运送到高纬度地区，变成冰块储存起来了。

海平面的下降对海洋和陆地的影响巨大。河流的入海口更向东推进了。有些原来不相连的陆地之间，现在出现了陆桥，相互连接了起来。

**小贴士：**

目前，全球气温变暖，海平面还在缓慢上升。海平面大幅度下降，那是发生在过去的事情，比如在1万多年前，海平面比现今低大约100多米。科学家怎么会知道海平面在那时大幅度下降呢？因为在海边生活着特殊的生物群落，比如珊瑚。当海平面下降时，珊瑚的生长环境也会逐渐向外推移。另外，海平面下降，$^{16}O$会更多地保存在地球南北两极，海洋中的$^{18}O$成分就增多了。科学家根据这种变化，也可以计算出到底有多少海水变成了冰川。

这样原本两块相互隔离的陆地之间，动物和植物都可以自由往来了。

由于两块陆地相隔得已经很近了，站在这块陆地上，已经能够看到另外一块陆地出现在海平面上。

最为奇特的是，在两块陆地之间的海里，出现了几艘小船，上面坐着一些人。

对于这些人，乐乐和聪聪已经习以为常了。在空气中旅行时，经常会遇到他们。那时，人类的数量不多，经常也就是几十个人一起迁移。

一段时间没见，他们居然建造出了能漂在水面上的船。

对于能行走的动物，乐乐和聪聪发现了他们的秘密。这些动物离不开空气中独立抱团的氧宝，必须不停地把他们呼吸进去，而且每天都要吃各种植物和肉类。毋庸置疑，这些植物和肉类主要是由碳宝、氢宝、氧宠物、氮宝、硫宠物、磷宝等组成的。还有一些含量很低的元素，但是看起来起得作用也不小。

随着探索的加深，乐乐和聪聪越来越自豪。没想到他们碳宝对这个世界这么重要。可问题是，为什么这个世界选择了碳宝作为生命的基础，而不是氧宠物、氮宝、硫宠物等等?

对于这个问题，乐乐和聪聪不是没讨论过，可是好像还没有具体的答案。不过从碳宝们这些年的循环经历来看，好像在所有元素中，只有碳宝的人缘最好，基本上可以和很多种元素交朋友。碳宝们又齐心，能够手拉手形成环状、链状及各种形状的复杂大分子。

“在叶绿体中把太阳能储存在葡萄糖中，这是不是我们碳宝的贡献之一?”乐乐会问聪聪这个问题。

“当然算，我发现，没有能量，小火车也开不动，分子之间分开或者聚集也没那么容易。”聪聪回答道。

“另外，我觉得稳定性和化学反应速度是必须考虑的因素。化学反应速度快，能量传递也快，动物的反应也会很快。如果不稳定，动不动就闹分手，那样有机体也就分解了。所以，我们碳宝最有责任心，构成了一个有机体，就会保持它的稳定。”乐乐分析道。

“确实有道理。爸爸告诫我们，对于一个有组织的有机体，我们碳宝的作用就是要维持它的稳定，好像在我们一群碳宝组成的有机体里，存活着另外一种高级生命。这种生命离不开我们，但是好像我们也管不了它的思维方式。比如，很多次，我想往东走，它偏偏往西走。”聪聪补充道。

“以后，我们一起到这些动物的身体里走一走，看看到底是怎么回事。”乐乐提出了一个好建议。

就在乐乐和聪聪聊天的时候，突然身体出现了一种感应。这种感应是碳宝们的联络信号。

顺着这种感应方向看过去，乐乐和聪聪看见不远处的一座裸露出来的珊瑚礁上，有一个小小的虫壳碎片。

他俩赶紧飘过去，眼前的景象让他俩惊呆了。

# 16 解救爸爸妈妈和搭乘西风带

乐乐和聪聪看到了爸爸妈妈被固定在虫壳里。

“爸爸！妈妈！”乐乐和聪聪激动万分。

此时，爸爸妈妈也看到了他们俩。

“乐乐！聪聪！”

“我的宝贝儿！”

这么多年，大家终于又团聚了！

妈妈拉着乐乐和聪聪的手，泪水模糊了双眼：“这些年你们都到哪里去了？有没有受委屈？”

“妈，我们去了好多地方，除了想你们，见识还真是增长了不少。”聪聪赶紧安慰妈妈。

“妈，你看我强壮得很呢！”乐乐秀了秀长粗的胳膊。

爸爸看到孩子们确实长大了不少，拍了拍妈妈的肩膀，和妈妈对视了一下。妈妈不好意思，擦了擦眼泪，露出了笑容。

来不及多聊，目前最紧迫的是要把爸爸和妈妈解救出来。有了上一次的经验，乐乐和聪聪心里就踏实多了，营救的关键是如何才能摆

脱钙离子的追赶。

乐乐信心满满地分析道："上一次我们被钙离子堵在了一个小水滴里，跑也跑不了。这里的地形很开阔，我们有充足的空间可以和钙离子周旋，趁机把爸爸妈妈带到空气中。"

"这个想法很好，不过我们需要多一点水分子，这样钙离子才不容易抓住我们。"聪聪进一步补充道。

需要更多的水，这不难办到。等到了早晨的时候，在月亮引力的牵引下，海水慢慢涨了上来，把爸爸妈妈所在的虫壳给淹没了。

聪聪和乐乐一看，机会来了。他们赶紧借助水分子，变成碳酸把碳酸钙给溶解了。全世界的钙离子都一个倔脾气，看到碳宝们就想把他们抓住。钙离子一被分离出来，就在聪聪他们身后不停地猛追。

这次可不比上次，聪聪和乐乐有了经验，他们引导着爸爸妈妈迂回曲折地在水中游动，尽量向上往水面游去。水面的水分子不停地向天空蒸发。在最后的关口，水中的氢宝们也来助阵，把碳宝身上的一个氢和一个氧宠物拉过来，这样碳宝们又变成$CO_2$了。此时，在潮汐的影响下，海水里形成了大小不一的漩涡，增大了和空气的接触面，这样水分子和碳宝们更容易在海水和空气的交界面进行交换了。终于，他们借助着水分子一起飞出了水面。钙离子体型较大，只能留在水中，无奈地看着他们飞走。

聪聪和乐乐终于和父母团聚了，喜悦之情难以言表。

这时，爸爸妈妈仔细端详着眼前久别重逢的两个孩子，他们明显成熟了许多。原来孩子们要靠他们照顾，现在居然反过来，是孩子们把他们从碳酸钙虫壳中解救出来。看到孩子们的成长，爸爸妈妈内心感到无限欢喜。

在大家相互交流的时候，碳宝们都没注意到风把他们往海洋方向吹。

海洋上空的温度比较高，形成了一个漏斗状的气旋。四周的气体逐渐被吸引过来，气旋越来越大，碳宝们随着气旋逐渐升到高空。他们往下一看，好壮观的景致啊。

只见这个气旋在高空慢慢散开，整个形状就像一把伞，伞把朝下伸到水中，不断地从水中吸取热气，热气散发能量，维持着整个气旋

的旋转（这就是飓风）。

这个气旋逐渐向北漂移，乐乐低头突然发现在海面上有黑点在飘，仔细一看，原来是之前那些乘船的人类，遇到了这么大的气旋风暴，船只在汹涌的海面随着海浪起伏，似乎快要被大海吞噬了。其中，有几只小船向东越漂越远，在天际之间逐渐消失了踪影。

乐乐心里只有祝福这些小船，希望他们最终平安。

最后，这个气旋登陆了。陆地上缺少热气，没有热气的能量共进，同时由于陆地上各种障碍物的摩擦力，气旋的能量逐渐减小，转速也越来越慢，最后慢慢消散了。

此时，碳宝一家还在高空，慢慢感觉有另外一股强风从西面吹来（西风）。这股风和之前的旋风不一样，它在高空蜿蜒着从西向东吹来，看不到头也看不到尾。这股风很有特点，形成一个条带状。不但风力的强弱在变化，而且风的主轴也在南北移动。每次，天气变暖的时候，它就往高纬度移动一些。反过来，每到天冷的时候，就会向赤道方向移动。这一移动可不得了，会牵连赤道附近带水汽（提供降水）的云（其英文简称为ITCZ）的南北运动，在赤道南北两侧形成完全相反的天气。比如，ITCZ靠北半球，那北半球的降雨就多，南半球就干旱些。反过来，如果ITCZ向南移动，北半球就会变得干旱，而南半球就会降雨多些。

**小贴士：**

地球的大气层是处于动态之中的。空气除了南北向运动外，地球转动产生偏向力，使得空气还要向东偏转，于是在地球中纬度地区形成了巨大的西风带。这个西风带可以把陆地上的粉尘吹起来，带到海洋，并在海洋沉积物里保存起来。通过研究海洋沉积物里保存的这些原来属于陆地上的粉尘，就可以知道当初陆地上环境到底发生了哪些变化。

在这股风里，乐乐和聪聪看到了熟悉的身影，这不就是之前风中遇到的粉尘颗粒吗，只不过这些颗粒身体更小（小于10微米），所以才能被吹到这么高的高空。同时，这些小颗粒的重力和风的浮力产生平衡，所以能在高空被吹得很远，绕地球一两圈都没问题。

搭乘这个强有力的交通工具，碳宝一家人往东飞去。

这时候大家才定下心来享受重逢的喜悦，各自诉说着这些年来的遭遇。爸爸发现，乐乐和聪聪现在的知识储备已经远远超过了他的预期。

记得小时候，爸爸经常给小碳宝们讲大千世界的新奇故事，其中免不了加入一些杜撰的内容。即便如此，小碳宝们也是听得津津有味。这次带他们出来完成一生最为重要的循环旅行，是要让他们亲历这个变幻莫测的世界。现在看起来这个目的确实达到了。

大家谈到了其他几个小碳宝的下落。爸爸告诉大家，淘淘、熙熙、海伦和米粒被困在另外一片大的虫壳里，滚到一个深渊里面去了。他们的情况如何？有没有遇到危险呢？大家不免开始为这些碳宝们担心。

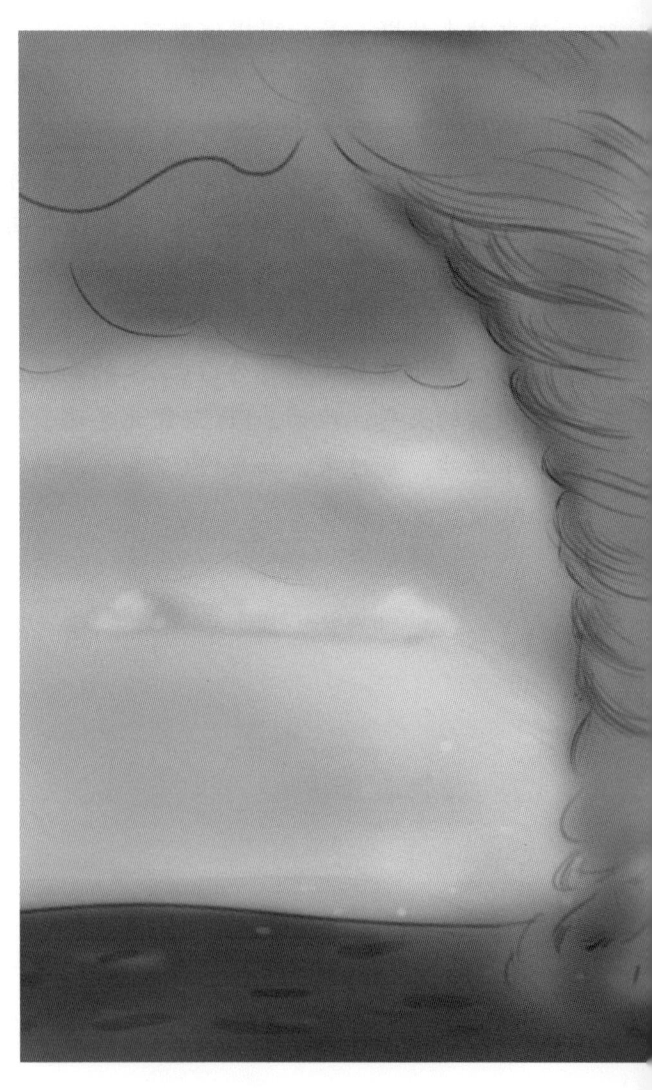
飓风

不过爸爸毕竟是一家之主，关键时候还是能沉住气的，爸爸宽慰大家："我们碳宝的身体非常结实，一般的温度、压力或者撞击，都无法伤害我们的身体结构。最大的问题可能还是被其他元素给封存起来，长时间无法循环。我们总有一天会重新遇到他们的。"

听爸爸这么一说，大家的心情好受了些。聪聪、乐乐、爸爸和妈妈分开了这么多年，现在不也重聚了么？

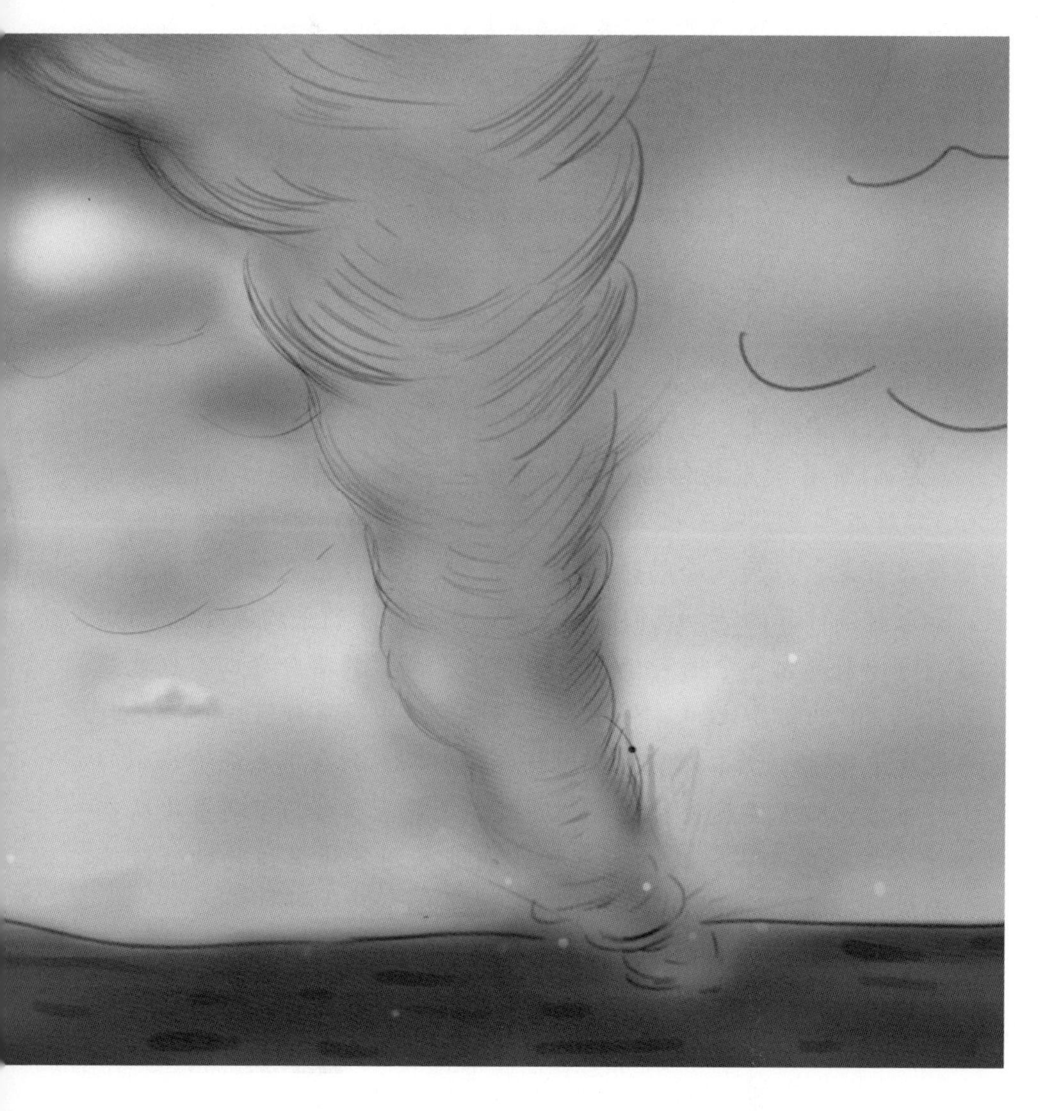

17

# 空气中的碳宝哪里去了?

一路上，大家发现，空气中的碳宝比以前少了很多，好像天气越冷，碳宝的含量越少。这到底是怎么回事呢?

氢宝们带着氧宠物结合在一起形成可以流动的水($H_2O$)。碳宝($CO_2$)溶解在水里，从而进入海洋。碳宝已经经历这种情况多次，轻车熟路。可是，在天气冷的时候，他们明显感觉自己更容易溶解在水里。如果精确计算的话，我们可以发现，如果海洋的平均温度变化1摄氏度，可以引起大气中碳宝含量4%的变化。4%读作百分之四，也就是一百份里变化四份。比如，原来1立方米的海水中含有碳宝100%，这时如果温度上升1摄氏度，碳宝的含量就会减少4%，只余下原来的96%。

“不过，除了温度变化的机制，我们之前至少经历了好多次从空气中进入深海的形式。比如，最初我们进入到了海洋植物的叶绿体里，形成葡萄糖。”乐乐说道。

“我和妈妈经历了另外一种形式，当我们进入海洋浮游生物有孔虫的身体里后，与那里的钙离子结合成 $CaCO_3$，沉到了海底。”说到这里，爸爸深情地看了一眼妈妈，他们的手拉得更紧了。这些年来，

都是妈妈陪着爸爸走南闯北，一起在黑暗的海洋里待了那么多年，却从来没说过一句抱怨的话。

妈妈对爸爸会心一笑，好像过去发生的事情就是轻描淡写的故事，而且听得津津有味。

“我觉得，我们把老爸老妈救出来的方式，估计也是一种。”聪聪补充到。“可是由于钙离子的追赶，我们又不得不从水里逃出，这从形式上等于没变。”

“不过，别忘记了，大海深处还有很多碳宝们没经验，估计他们可能会往大海深处游去。这样一来，他们就被暂时封在海里了。”乐乐提醒到。

大家都点头称是。

“你们怎么不提一下氢宝的作用？”妈妈说话不多，不过每次都是切中要害。记得小时候碳宝们贪玩，妈妈让他们午休，于是碳宝们就想出了ABCDEF六种方案来对付。比如，方案A是没一会儿就起床告诉妈妈睡不着，方案B就说自己要拉肚子……那么方案F是什么呢？答案就是乖乖去睡觉。真正到了实施的时候，还没等碳宝们想起这些方案，就被妈妈直接大喝一声吓到了床上。所有的方案都抛到脑后，全忘记了。只要是认为对碳宝有利的生活习惯，妈妈绝不妥协。不过，妈妈的语言总是切中要害，这一点大家经常领教。

确实，氢宝在他们的这些循环过程中无处不在，还帮了大忙。在气体状态下，氢宝看起来和碳宝们一样，带着氧宠物飘来飘去。可是当他们凝聚在一起，变成液体的时候，他们好玩的本性就显现出来了。

当碳宝们进入水里时，氢宝们会热情欢迎他们。其中有一小部分碳宝与氢宝手拉手结合在一起形成碳酸：

$$H_2O + CO_2 \longrightarrow H_2CO_3$$

之后，常常一个氢宝会暂时脱离，变成了一个独立的氢宝($H^+$)，四处去看一看。

这时，这个碳宝只好暂时帮助看管剩下的一个氢宝和它的氧宠物：

$$H_2CO_3 \longrightarrow HCO_3^- + H^+$$

可是，另外一个氢宝也很调皮，经常趁着碳宝们不注意，也会暂时溜号，于是形成碳酸根：

$$HCO_3^- \longrightarrow CO_3^{2-} + H^+$$

原本碳宝们身上只有两只氧宠物（$CO_2$），结果这下他们无缘无故地就多背了一个氧宠物，变成$CO_3^{2-}$（上标2−表示碳宝们由于多携带了一个氧宠物，开始带2个单位的负电荷）。钙离子也非常喜欢氧宠物，看到$CO_3^{2-}$身上有多余的氧宠物，心里就痒痒，于是主动出击，前来抢夺。

这个氧宠物本来是氢宝的，碳宝们最讲义气，作为朋友代为保管，怎么可能轻易地让钙离子把氧宠物抢走。否则，氢宝回来后怎么交代啊?

于是，钙离子就会和 $CO_3^{2-}$相互拉扯，谁也摆脱不了谁，结果他们就连成一体，形成$CaCO_3$，变成固体，最后谁也离不开谁了。

不过，在水分子的拉扯下，有很小一部分的碳酸钙会暂时被分解，其中的钙离子和碳酸根会暂时分开：

$$CaCO_3 \longrightarrow Ca^{2+} + CO_3^{2-}$$

此时，如果没有其他朋友来帮忙，和之前的过程一样，钙护卫还是会跑上前，$Ca^{2+}$和$CO_3^{2-}$又会结合在一起。

可是，此时如果有氢宝($H^+$)来帮忙，人多力量大，效果就完全不一样了。氢宝抢先一步，和碳宝连接在一起：

$$H^+ + CO_3^{2-} \longrightarrow HCO_3^-$$

这下，钙离子再也无法和这个团体作战了，只好灰溜溜地走开。人多力量大，说的就是这个道理。

在水里面，你会发现有很多种碳宝形式，四处在追贪玩的氢宝们。

这些碳宝的形式包括$CO_2$，$HCO_3^-$，$CO_3^{2-}$。当然在水中的氢宝们也至少有两种情况：$H^+$和$OH^-$。

为了方便统计，把所有这些碳宝的形式加在一起叫做总碳宝含量：

$$\Sigma CO_2 == [CO_2] + [H_2CO_3] + [HCO_3^-] + [CO_3^{2-}]$$

这里面有两个怪怪的表达符号。其中Σ是“总”的意思，中括弧[..]表示含量。用这种表达的最大好处就是，我们不再考虑氢宝的影响。氢宝会影响这四种碳宝形式的相对变化，也就是有些形式的碳宝

含量多一些，有的少一些，但是加在一起，就和氢宝没有关系了。

所以，只要气态碳宝$CO_2$加入到海洋，海洋中的$\Sigma CO_2$就增加。反之，海水中的$\Sigma CO_2$就会降低，非常好用。

还有一个重要的参数来表达碳宝进入海洋中的性质变化，叫做海洋的碱度。自然界中酸碱平衡，有多少酸，就需要多少碱。这么多碳宝形式里，有多少属于碱性的呢？答案就是$HCO_3^-$ 和 $CO_3^{2-}$。因为生成这两种形式时，都有氢宝偷懒跑到海水中去了。到底跑掉了多少氢宝？显然我们得从$H_2CO_3$算起，形成$HCO_3^-$跑掉一个氢宝，形成$CO_3^{2-}$就要跑掉两个氢宝。

这样算起来，如果海水中我们知道了$HCO_3^-$ 和 $CO_3^{2-}$的含量，就能够算出跑掉多少氢宝（$Alk_c$，碱度）：

$$Alk_c = [HCO_3^-] + 2[CO_3^{2-}]$$

大家就是这样在水中分分合合，你来我往。

**小贴士：**

科学家对海洋里的碳含量变化非常着迷，这其中包括有机碳和无机碳两种形式。对于无机碳，有四种形式，即 $H_2CO_3$，$CO_2$，$HCO_3^-$，$CO_3^{2-}$。科学家利用 $\Sigma CO_2$ 和 $Alk_c$ 这样的参数，可以很方便地追踪碳含量变化对海洋环境的影响。

# 18 粉尘的作用

从高空中俯瞰这个世界别有一番风味。

之前碳宝们在空中之城，与大地距离太远，只能看到一片片的绿色和蓝色，还有一些大片的黄色。可是在目前这个高度，视野既开阔又能看到细节。

在风里一起旅行的还有很多微小的粉尘颗粒。即使如此，这些颗粒对于碳宝们来说，那也像是一座座飘浮的小城堡。这个城堡里住的居民还真不算少，有铁家族、氮家族和磷家族。

在粉尘颗粒里，有很多种类的磁性矿物都含有铁。比如针铁矿(FeOOH)，长的样子就像针，细长细长的。还有赤铁矿($Fe_2O_3$)，看名字就知道它的颜色是红色的，也就是我们平时看到的铁锈的成分。此外，还有磁性特别强的磁铁矿($Fe_3O_4$)，我们已经在之前见到过磁铁矿的身影了。

我们用颗粒的大小把他们分分类。大于55微米的颗粒，慢慢地就掉到了下面的大海，还有一些如果遇到降雨，就会随着雨水一起落下。小于55微米的颗粒会在海洋中漂浮着。小于200纳米的颗粒作用就

更大了，他们可以直接溶解在水中，把铁释放出来。铁、氮和磷元素会溶解到水里，周围的生物就立刻活跃起来。

可能有小朋友不相信——铁还能溶解到水里？

铁当然能够溶解在水里，但是含量不高。其中最主要的形式是$Fe(OH))_2^+$。我们前面讲过，在水中，正常情况下是两个氢宝拉一个氧宠物。可是当一个氢宝贪玩跑掉后，就剩下$OH^-$。$OH^-$要么把氢宝找回来，继续合成水（$H_2O$），要么累得够呛，只好找其他的元素来帮忙。

当水中有铁离子时，铁离子人高马大，可以让两个$OH^-$挂靠在身上，形成$Fe(OH)_2^+$。小朋友会问，那挂靠三个$OH^-$会怎么样？铁离子力气再大，也禁不住三个$OH^-$的拉扯，其结果就是从水中沉淀下去。

原来，这些生物不只是需要阳光和空气中的碳宝们。他们的身体里有很多各式各样的小车，这些小车把各种材料运输到身体的各个部位。这些小车很多部件需要铁、氮和磷元素来构建。可别小看了铁元素，虽然它在身体里的含量不是很高，却起到了举足轻重的作用。没有了他们，就像再好的小车缺个轮子也跑不起来，生物身体机能就受到损伤。

西风带下面的这片海洋有很奇怪的性质，这里的海水上涌，把海底的有机质都翻了上来，这里海水表层不缺磷宝和氮宝，但是非常缺乏铁元素。所以，生物不怎么生长。

可是当粉尘中的铁元素大量加入时，情况就不同了。

每当有大量粉尘掉到水里，不久之后就能看到海面的绿色变深，这就是生物增加的信号。最为重要的一点就是，生物活动增强，就会有更多的碳宝从空气中应征到水里参与光合作用。同样起到了减少空气中碳宝含量的作用。

在高空中，这一现象碳宝们看得更清楚。

“这个世界的系统好神奇啊，看似不相关的东西，没想到有这么多千丝万缕的联系，牵一发而动全身。”乐乐感慨道。

“比如，当气温下降，天气变冷，更多的碳宝就会从空气中被拉进海洋。作为温室气体，在空气中碳宝们就减少了，地球温度会进一步下降。在温度降低的时候，海洋吹来的风减弱，带来的水分子变少，陆地变得干旱。因为$C_4$植物比$C_3$植物更适应这种恶化的环境，陆地上的$C_3$植物就减少了，把生活空间让位于$C_4$植物，于是$C_4$植物就更繁盛了。很多地方出现了沙漠，粉尘就会被带到高空。这些粉尘颗粒本身也能把太阳光反射回太空，这样又进一步起到了降温的作用。当粉尘颗粒掉入海里后，生物活动又能加剧碳宝在空气中含量的减少，温度更低了。如果按照这个循环进行下去，那地球的温度不就越来越低了，最后地球上所有的水分子不就全都变成冰，把地球全都封存起来了，这个逻辑到底对不对？”乐乐长篇大论道。

**小贴士：**

科学家如何证实在海洋里加入额外的铁，会对海洋里的生物产生重要影响呢？他们设计了“加铁实验”。在轮船上载一个大箱子，里面装着富含铁的水溶液，同时还要加入一种示踪物质。当把富含铁的水倒入海洋后，科学家根据示踪物质，能够一直追踪它们在海洋中的轨迹。实验结果确实证实了，加入额外的铁后，相关海面上的藻类更加繁盛了。西风带把粉尘吹入海洋，粉尘里就还有额外的铁成分。于是，科学家就猜想，粉尘多了，海洋中的生物也会更繁盛。

聪聪还是第一次看到乐乐发表这么长的分析。

爸爸和妈妈也为乐乐的思维进步感到高兴。

“世界上确实很多事情都是联系在一起的，改变了其中一个因素，后面的事情就全都影响了。不过，如果我们把这个逻辑延伸远了，经常会得出非常惊人的结论。所以，结论好推，重要的是要实证。”爸爸表达了自己的看法。

乐乐和聪聪对爸爸的观点表示认可。妈妈早就知道爸爸的思维方式。不过，她这次的立场在中间，而且还会偏向孩子们一些。

“爸爸说得有道理，不过，孩子们的想法让人眼前一亮。”妈妈

补充道。

爸爸看出了妈妈的心思。“我们来想一想，如何才能证明乐乐的大胆假设——地球过去可能有全被冰封的时候，可惜没有时光机器，不能到过去看看，我们只能从地球目前保留的证据来分析。”

乐乐和聪聪没想到爸爸拿出杀手锏，提出问题容易，那怎么解决问题呢？他们俩都陷入沉思。

想了一会儿，聪聪提出了一个方案：“我有这样一个想法，如果要想证明全球都结冰，我只要找到全球最热的赤道部分都结冰就可以了。”

虽然这个想法很大胆，但确实是一个好主意。爸爸频频点头。不过问题是，虽然逻辑上前进了一步，但距离具体实施方案还差了一步。

“那我们就找过去在赤道附近的地层，看里面有没有冰川的痕迹。”乐乐进一步分析道。

“乐乐说得更具体些了，现在的问题变成：①找到当时位于赤道附近的陆地；②找到大规模冰川的痕迹。”爸爸总结道。

聪聪和乐乐四目相对，异口同声地说道：“磁铁矿！”

他们俩知道磁铁矿的头会随着地球的磁场方向变动，但是最后他们头的方向会被固定下来，保持当时的地球磁场信息。在赤道，地球磁场是水平的，也就是说磁铁矿的头会保持水平，目视前方，非常容易辨识。

爸爸听了乐乐和聪聪的详细说明后，被他们俩的思路给打动了。这确实是一个好思路，而且可行。有了磁铁矿的帮助，无论地球上的板块漂到哪里，都能找到在这些板块经过赤道时沉积下来的东西。

妈妈对科学的东西不怎么在行，听爸爸和孩子们讨论所谓的冰冻地球的问题，不免拉了拉身边的爸爸，有些疑惑地问：“地球真的能全被冰封盖起来吗？”

爸爸哈哈大笑：“别这么较真，逻辑正确的事情，不等于真正发生。不过逻辑合理的事情，极有可能发生。”

妈妈对这个回答不满意：“你这等于啥也没说，左右都有道理。”

19

# 淘淘遇到硅宝

经历了在地表气圈、水圈和生物圈的循环，碳宝们慢慢认识到他们对地球这些圈层的重要作用。原来他们的循环对世界的运转起到了重要的调节作用，尤其是地球的温度变化和生物们的繁荣兴衰，都与他们息息相关。

可是有一些事情，碳宝们还是想不通。那就是，按照目前的逻辑推演下去，地球不断降温，最终会变成一个大冰球。这可不是碳宝们想看到的——在冰封世界里，可就没有这么伟大的碳循环之旅了，生物也肯定会遭受灭顶之灾。

不过这些问题，在地球深部的淘淘他们可想不到。

话说当时，淘淘、熙熙、海伦和米粒随着洋壳向下俯冲，逐渐进入了地球深部。

正常情况下，随着深度的增加，地球下面的温度和压力也越来越大。跟随碳宝们一起俯冲下去的还有氢宝们。虽然外面世界的温度比较高，但碳宝们所在的这一大块洋壳和上面覆盖的碳酸钙沉积物的温度要低得多。即便如此，碳宝们已经感受到了周围的压力在不断增

强。尤其是这种慢慢向深部俯冲的感觉，更是让他们无所适从。他们遇到的将是一个崭新的世界，等待他们的是什么呢？

在这个小团队里，淘淘最有经验。没有了爸爸、妈妈、乐乐等的照顾，淘淘感觉自己必须负责照顾好大家，他突然感觉自己变得更坚定、更强大起来。尤其是米粒，她的小手一直就没离开过淘淘，生怕一松手就会和淘淘分开。

“淘淘，我们这是往哪里去呀？”米粒惴惴不安地问道。

“据我的经验，我们这也应该属于碳循环的一部分。”淘淘心里其实也拿不准。这不停地往下走，到底去哪里啊，他也不是很清楚。但是，作为目前唯一的男孩子，他心里要坚强起来，保持足够的判断力和警觉性来应对可能发生的事情。

“这里有很多新面孔，我们应该多和他们打打交道。爸爸妈妈不是总教育我们，在任何新的环境，首先要了解当地居民的生活方式吗？与其瞎猜，不如我们多问问。”海伦给出了一个可行的建议。

“海伦说得对，我完全同意！在任何一个地方，肯定有它独特的一面。再说，我们四个还在一起，周围还有其他的碳宝们也一起旅行，倒不是特别寂寞。”熙熙补充道。“只是不知道爸爸妈妈他们在哪里。”一想到爸爸妈妈，熙熙有些伤感，声音就小了下去。

淘淘听出了熙熙的心思，理解地拍了拍她的肩膀，给大家打气：“无论怎么样，我们得自己先照顾好自己。”接着，他看了看大家，问：“和周围的元素打交道，谁比较在行？”

大家的眼光齐刷刷地聚焦到淘淘身上。

淘淘是大家公认的外交家，平时他的朋友最多，连最让人不喜欢的氮宝们，淘淘都能找到一两个好朋友。有一次，淘淘和一个氮宝聊得非常投机，他们居然约好将来一起做一番大事业，不过这事业到底是啥，他们也不是很清楚。

淘淘一看这架势，和周边打交道的任务看来是躲不过去了。于是，他就主动请缨，把这个任务包揽下来。

外边的世界主要是固体世界。一个个城市戒备森严。

在经过一个固体城池的时候，淘淘很自然地和守城的门卫聊了起来。

“大哥，你好！请问你们这里主要住着什么居民啊？”

守城的门卫是一个大分子，个子很高大。“我们这里的居民属于硅酸盐系列。”

硅酸盐？淘淘从来没听说过。这里真的和空中之城截然不同啊。如果不是循环到这里，很难想象这里还住着这么多不同的元素，一样在忙忙碌碌。恰好在这个时刻，恰好和这样一个硅酸盐士兵聊天，真是一种缘分。这个世界真是奇妙。

“我们的成分主要是硅酸铝，占主导的是硅宝(Si)和铝宝(Al)，携带着氧宠物。”门卫接着介绍道。

“氧宠物？！太好了，和我们碳宝一样。”一说起氧宠物来，淘淘和门卫的话匣子算是打开了。

“正常情况下，我们一个碳宝带两个氧宠物。”淘淘说道。

“我们也是这样！最喜欢的方式就是带着两个氧宠物($SiO_2$)。”

“在水里，我们会和氢宝，也就是水分子们手拉手连在一起，形成碳酸（$H_2CO_3$）。”

“这有什么奇怪的，有水分子时，我们硅宝也能形成硅酸($H_2SiO_3$)。”

$$H_2O + CO_2 \longrightarrow H_2CO_3$$

$$H_2O + SiO_2 \longrightarrow H_2SiO_3$$

对比这两个化学反应式，真的几乎一模一样，太神奇了！淘淘头一次听说还有和自己性质这么相近的元素，顿时对硅宝亲近感大增。

“我告诉你一个秘密，我们碳宝最外边有四个小精灵，有时被大家称作电子。”

“我们身上最外边也有四个电子精灵守护，不过最稳定的状态就是需要凑齐8个电子小精灵。这也是我们和氧宠物之间达成的默契。”

“确实是这样，氧宠物身体外边有6个电子小精灵，他们也需要凑齐8个。于是我们就采取了这样的方法，让氧宠物的两个小精灵和我们身上的两个小精灵手拉手。如此一来就需要两个氧宠物来分享。这也就是我们碳宝经常肩上带着两个氧宠物的原因。”

“完全一模一样，我们硅宝采取的也是这个办法。我们好像是一

家人啊，至少是近亲！”硅宝兴奋地说，他也没想到自己和这位外来的朋友这么投缘！

淘淘和这个硅宝越说越热烈，大有相见恨晚的样子。

在地球深部居然能找到这样“志同道合”的朋友，淘淘顿时觉得自己好幸运。

“你们为什么来到这里呢？”硅宝忽然好奇地问道。

“我们在参与一场碳循环，这是我们碳宝长大以后必须完成的成年礼。难道你们硅宝没有这样的经历吗？”

“哎，我们的身子太重了，不像你们碳宝这样轻盈，所以旅行不会像你们那么容易。比如，我们虽然也可以部分溶解在水里，形成硅酸，但是我们活动范围有限。只有在氧宠物参与时，我们硅宝才会形成固体的$SiO_2$。”

“确实好可惜啊，在$CO_2$形式下，我们可以飞起来。我们居然还参与了植物的光合作用，甚至还可以变成植物的一部分。外部世界，大部分的动植物都是以我们碳宝为基础造出来的。”

“飞起来？外部世界？”硅宝第一次听说还有外部世界。

“当然，我们就是从外部世界来的，那里阳光明媚。”淘淘一说起来，就兴奋得停不下来。

对碳宝描述的精彩世界，硅宝门卫听得入了神，羡慕不已。他们可想象不出什么叫做阳光明媚。在地下世界里，可没有太阳这种东西。

“请问一下，再往下的世界是什么地方？”淘淘终于说完了，冷不丁地问了一句。

一听到这个问题，硅宝可来了精神，因为他们刚刚从下面的世界上来。这回他可以在淘淘面前找回面子，不然好像硅宝们没见过世面一样。

“早先我们在地球更深处。那里的居民种类更多，除了我们，还有镁家族(主要是Mg)和铁家族(主要是Fe)。随着我们从深部世界迁移上来，慢慢地，大家的喜好就不同了，铝家族（主要是Al）愿意往更浅、温度更低和压力更小的地方迁移，而镁家族和铁家族更愿意待在

温度高和压力大的地方。最终在一次家族会议之后，大家就分家了。我们目前住在上面，硅酸镁、硅酸铁家族住在下面。”

**小贴士：**

地球在初始形成后，物质就会逐渐发生分异。重的物质逐渐下降，轻的成分逐渐上升。于是，铁成分大部分都聚集到了地核，尤其是外核，在高温下，铁以液态形式存在。地核上部的地幔，以硅镁矿物为主，而地壳则以更轻的硅铝成分为主。此时，碳宝们还处于地壳，那里以硅铝矿物为主。

“下面还有铁元素和镁元素？”碳宝们瞪大眼睛。

“是啊，越往下，铁元素就越多。据说在更深的地方，铁家族就一家独大了，我们硅酸盐家族只能住在铁家族的外围。”

对于深部世界，淘淘充满了好奇。如果能够把下面的世界弄清楚，下次和乐乐聪聪见面时，就有话题压过他们了。

要知道从小到大，都是乐乐和聪聪抢风头。对于这一点，淘淘心里总是不服气。

# 20 部分熔融

原来淘淘和硅宝有这么多相似处，很快他们就成了无所不谈的好朋友。

“我来介绍一下我的碳宝家族。”淘淘把熙熙、海伦和米粒一一介绍给硅宝。

“你们怎么被固定在了这里？”硅宝不解地问。

“你看，我们身边多了这些钙离子。他们形影不离，把我们从气态变成固态。”淘淘无可奈何地说道。

正在说话间，旁边的氢宝也来凑热闹了。这些氢宝是随着大部队一起往深部俯冲下来的。

碳宝们早就知道氢宝非常活跃。在任何地方，只要氢宝们一出现，就会引起环境的改变。在海水里如此，在叶绿体里也是如此。不过在温度和压力这么高的地方，碳宝们不会相信氢宝们还会引起环境的改变。

“我来介绍一下，这是和我们一起从上面俯冲下来的氢宝($H_2O$)。”淘淘给硅宝介绍道。

“咱们握握手吧，第一次见面，请多关照。”氢宝很是客气。

硅宝同他身边的铝宝一起和氢宝握手。

就在他们握手的时候，奇迹发生了。固体的硅宝们瞬间感觉身体开始变软。紧接着部分城市开始塌陷，从城门那里，一部分就开始熔融了。原来是固体的硅酸盐在水和热的作用下，变成了可以流动的液体！

这情况大家都没有预料到。这下可不得了了，淘淘和米粒离硅宝们最近，一下子就被卷进液态的硅酸盐中。

熙熙和海伦大声喊叫着，想把淘淘和米粒拉回来，可是这哪来得及。

在碳宝们上方，出现了好多大裂隙——原来这是他们俯冲下来时，把上面的地层给顶撞开了。于是，这些液态的硅酸盐就顺着这些裂隙往上冲。

淘淘和米粒裹在液体的硅酸盐中。往上流动，这里的温度可高多了。此时，身上的钙离子开始觉得不舒服了，原先紧拉碳宝们的手开始松开了，这时候原来的碳酸钙结构就变成了氧化钙和碳宝的气态形式：

$$CaCO_3 \longrightarrow CaO + CO_2$$

这股液态的硅酸盐就是我们平时所说的岩浆。它夹杂着气态的碳宝们，顺着岩石间的缝隙一路上涌，冲破了最后的关口，喷出了地面，形成了壮观的火山喷发。

岩浆冒着热气顺着火山口开始往下流，就像一条条缓慢流动的红色河流，形成壮观的熔岩流。此时，正是夜晚，喷出的火山岩浆和地上流动的熔岩流，把这里夜空照得一片通红。岩浆熔岩流慢慢往前流动，它的温度逐渐降下来。

硅宝们很失望——他们本来以为自己获得了自由，可以一直流动下去，这样就可以看到更多的风景，可是没多久，就发现熔岩流慢慢停下来，最后不动了。

在熔岩流里，还一同喷出了一些磁铁矿。这些磁铁矿颗粒都把头指向北边，随着温度降低，他们这种姿势也被保留下来。

小贴士：

地下的固体岩石还会发生融化吗？答案是肯定的。地表的水随着洋壳俯冲到地下岩石，导致岩石到熔点降低，这时，原来是固体的岩石就会有一小部分发生熔融，叫做部分熔融。岩石里面的元素也会在固体和熔体之间找自己最喜欢的位置。有的元素，比如钾，就非常喜欢待在液体部分，所以大陆上早期分异出来的花岗岩就富含钾，而留在地幔中的岩石就非常缺钾。科学家可以根据喷发岩浆中的元素成分，判定这些岩浆在喷发之前及在运移过程中发生的各种地质作用。

淘淘和米粒也随着冲出了火山口，喷向了高空——他们重新回到了空中，获得了自由。

此时，他们发现，空气中的碳宝含量比以前少了很多，他们从火山里喷出，又回到了大气中，这无形中又给大气补充了一些碳宝。

淘淘和米粒还没高兴多久，发现熙熙和海伦不在身边，想起刚才分开的那一幕，估计她们被留在地下了，心里很是着急。

“怎么办？怎么办？”米粒忍不住哭了起来，“我们又和熙熙、海伦走散了……现在只有我们两个了……呜呜呜……”

淘淘心里也急，面对米粒这个小妹妹，做哥哥的再慌也不敢表现出来。他得给米粒一点信心，先稳住她的情绪要紧。

“她们应该还在地下。不过，你身边不是还有我吗？！”淘淘搂住妹妹的肩膀，“爸爸说我们还会团聚的。现在我们自由了，我们先一起去找爸爸妈妈。没准乐乐、聪聪他们已经和爸爸妈妈团聚了呢。”

“真的？！”米粒一听，不哭了，想到要找爸爸、妈妈、乐乐和聪聪，她又开心起来。

碳宝们朝着硅宝们挥手告别，他们此时最大的目标就是要寻找爸爸他们的踪迹。

“硅宝……等我们下次回来的时候，一定把你从这里解救出来，现在，我们得去寻找爸爸妈妈去了。”

硅宝也依依不舍地朝碳宝们挥挥手。他们心里很舍不得新朋友，但是他们也很希望碳宝能尽快找到自己的亲人。

“不用担心我。这里已经比地下舒服多了，以后有机会再见！”

确实如此，虽然硅宝们又停留在这里，但是周围的视野很开阔，比黑暗的地下不知强多少倍。他们已经很满足了。他们还看到了碳宝们聊天时说到的太阳，晒太阳的感觉真舒服啊。

# 21 碳宝偶遇智人

淘淘和米粒在空中看了看四周。他们的东面是一片汪洋大海，而西面是一大片陆地。

于是，他们俩决定随着海风往西寻找。

他们停留在一片香蕉树的叶子上，通过光合作用进入了香蕉树，并存储在了香蕉里。这里非常舒适，他们很久都没舒服地休息一下了，很快就沉沉地睡去了。

正在梦中的时候，淘淘和米粒突然觉得身子一晃，香蕉被一种生物从树上摘下来，并被送入口中。

碳宝们天生有一种能力，可以和各种元素沟通。

这次他们巧妙地躲过了氧宠物的干扰，没有被通过呼吸作用重新变成气体形态，而是循环到了这个生物的体内，最后在指尖的部位停留下来，成为指头上有机体的一部分。

这个位置的视角真好，可以看清楚整个生物的形状和他们做的事情。

这种生物靠两条腿走路，留着长发，除了头部有毛发遮挡，浑身的毛发很少。所以，他们只能用树皮或者动物皮裹在身上保暖。

这些生物就是我们所说的智人。此时他们正在这片大地上游荡，看到周边有可食用的东西就摘下来，然后拿回部落大家一起分享。

有时候，他们会猎取小型动物作为食物，碳宝们已经习惯了动物世界之间的相互捕食。

碳宝们最清楚这其中的奥妙：所有的动物和植物都需要能量。这种能量最初从太阳而来。植物通过光合作用，把能量存储在碳宝和氢宝组成的有机分子里(也叫做碳氢化合物)。一部分碳氢化合物被植物储存起来，于是有一部分动物专门吃这种有营养的植物，并把部分碳氢化合物储存在自己身上。于是，另外一批动物就更省事了，靠吃其他动物来获取各种碳氢化合物，维持身体活动所需的能量。

在碳宝们看来，这其实就是碳宝和氢宝们在不同的动物和植物身上转换来转换去。除了之前被存储的太阳光能被消耗以外，对他们其实没有太大的影响，碳宝们和氢宝们毫发未损。所以，碳宝们总是能以超脱的心态看着自己从一种生物体内被搬到另外一种生物体内，习以为常了。

可是，这一天淘淘和米粒所在的这个智人家族出了件大事情，其中一个成员被老虎吃掉了。大家围绕着他的残骸大哭，用跳舞来表达哀伤的心情。淘淘和米粒随着手指滑向这个智人的眼睛，一滴热泪沾在手指上。淘淘和米粒呆住了。在这之前，他们在其他生物身上从来没看到过这种情况。

这说明，这种叫做智人的生物有非常丰富的情感。

智人们决定要通过集体的合作来抓住这只老虎。

于是他们在营地周围挖了一个大陷阱，里面安装了很多带尖的木棍，上面铺好树叶。淘淘所在的这个智人手拿一根木棍，上面拴着一块石头，站在这个陷阱前，静静地等待着。果然，那只老虎又来了，看到这人就猛扑过来。

这人灵巧地躲到陷阱后面。老虎不知有诈，往前一扑，一下子掉到了陷阱里，里面带尖的木棍把老虎给扎死了。

这天晚上，智人们在营地里架起了篝火，美美地吃了一顿烤老虎肉。这人拿着一块肉，爬上一棵树，坐在高高的树杈上。他似乎不像其他伙伴那么开心，一副心事重重的样子。看起来他还在思念被老虎伤害的同伴。

淘淘和米粒觉得这些智人非常有意思，于是他们俩就跟随着这群智人在这里游荡，观察周围发生的事情。

# 22 高温高压的考验

熙熙和海伦随着洋壳俯冲，继续向地球深部前进。四周的温度和压力越来越高，这可是不太寻常的考验。

熙熙和海伦又遇险了。她们所在的这片从地球表面俯冲下来的大块物质，变得越来越不稳定。这一天，这片物质在地球深部一分为二，海伦所在的这片直接向地幔掉下去，而熙熙这片则停留在地壳的底部。

熙熙一时间手足无措，大声哭起来："海伦！别走！"

"熙熙，别怕！记住爸爸妈妈的话，想办法再相聚。我一定会回到你们身边的……"海伦的声音渐行渐远。

熙熙身上的钙离子和氧宠物受不了这种高温高压，早就不知道跑到哪里去了。碳宝们这时候全都变成了独立的碳原子。在这样的高压高温下，熙熙和周边其他的碳宝们变得不稳定，大有分崩离析之势。没有淘淘和海伦在身边，只有这些素不相识的碳宝，该怎么办呢？熙熙更是紧张得哭了起来。

熙熙哭了好一会儿，感觉好了一些。她渐渐停止了哭泣，安静了下来。她脑中响起了妈妈经常对他们说的话："遇到困难时，紧张不安、生气沮丧都是正常的，只是不要让自己一直停留在这样的情绪里

熙熙带领大家手拉手形成金刚石

面，接下来要冷静一下，想想怎么去解决问题，一次一个小目标，一点点推进，就离最终解决问题不远了。”

是啊，哭出来让自己好受一些了，不再那么紧张害怕了，那么现在该想想怎么办了。

熙熙看了看身边，还有很多碳宝和她在一起。这时，她想起了爸爸平时对他们说的话。爸爸在离开空中之城的前夕，一再交代：任何时候，都不要忘记团结大家，一起努力；特别是在关键时候，要做出榜样，别人才会跟随你前行。

熙熙身上的四个电子小精灵这时候不安分了，其他碳宝们也觉得很难受。熙熙说服了身边的四个碳宝，于是他们手拉手，按照三维空间模式排列起来，一起来对抗高温高压带来的不适。碳宝们看到熙熙这样做，慢慢地聚集到熙熙周围，大家手拉手形成了一个巨大的三维排列阵。这个阵非常结实，坚硬无比，这就是我们熟知的金刚石。

有了大家的团结合作，在地壳底部熙熙他们形成了一个独立的固体金刚石王国。熙熙坐镇金刚石顶端，自然就成了大家的灵魂人物。外围很多加入这个王国的碳宝都听说，是熙熙挺身而出想出了这个妙计，才使得碳宝们聚集在一起，不然现在大家都不知道到哪里去了。大家都夸熙熙点子多。

这一天，又有一股炙热的岩浆从下面冒了出来，刚好经过了熙熙他们这里。这股岩浆包裹着这个金刚石王国一起向上涌，最后喷出地表。

岩浆慢慢冷却，把金刚石王国包裹在里面，只露出了一个小角。

早晨，阳光从云层里露出了脸，热量被阳光源源不断地带到地球，世间的万物又复苏了。

一缕阳光照耀在昨晚喷出的岩浆上，被金刚石反射出璀璨的光芒。熙熙休息了一夜，突然被一股耀眼的光芒照醒。熙熙简直不敢相信自己的眼睛。这缕光线是熙熙目前看到的最美的光线。之前看到的都是白光，可是这次，照射进来的光线，在金刚石王国被反射向各个方向，进来是白光，被分解为红、橙、黄、绿、青、蓝、紫各种颜色，五彩缤纷。这种光线，让人眩晕，让人沉醉。

熙熙被震撼了。

# 23 核幔边界

和熙熙分开后，海伦随着这块大物质一直往下掉，最后遇到了一股温度较低的物质流，搭载着这股物质流，海伦继续往深部循环。越往下走，温度就越高，压力就越大。海伦看到外边的硅酸盐被挤压得越来越致密。

果然，地幔的物质和地壳的物质不太一样，这里的铁成分多了很多。这一天，冷物质流终于达到了最下面，这里的景色真是奇怪。这里可以说是地幔的最底部，再往下（地球外核）居然是热浪翻滚的液体，其成分主要是铁和镍。

在地球外核和上面的岩石之间是一个过渡面（核幔边界，英文缩写：CMB）。这个面上都是从上面掉下来的东西，杂七杂八的，什么都有，既有最早沉下来的硅酸盐，又有五花八门的元素，好多都是裹挟在洋壳残存物中一起沉下来的。这里的地形很不平坦，起伏从几十米到几百公里。

核幔边界看起来倒像个贸易站——地核和地幔的物质就在这里进行交换。

海伦发现，脚底下是红彤彤的液体，正在不停地翻滚着，形成各种漩涡。

海伦哪里见过这样的场面。尤其是她感觉到从液体里冒出来一股股巨大的磁力。这些磁力线好像被液体牵引一样，随着液体沿着环向流动。当液体冒泡翻滚的时候，磁力线也随之被扭曲，有一部分磁力线被向上扭曲，最终脱离了液体，然后这些磁力线穿过核幔边界，向上面的地幔射出去，形成了在地表可以测量到的磁场。

原来脚下的液体漩涡就是地球磁场形成的地方！

海伦所在的这一块大物质好像还没停稳，就突然掉了下去，大家发出一片惊呼声。

这下不好了，原来的液体被这么一搅和，运动方式完全变了。只见磁场的磁力线在上面乱舞，原来的磁场模式被巨大的冲击给弄乱了。

一时间，地球磁场的强度开始减弱，向地幔穿出的磁力线减少。地表的磁场也开始减弱，磁场方向也开始变化，出现了短暂的地磁混乱现象（被称为地磁极性漂移事件）。

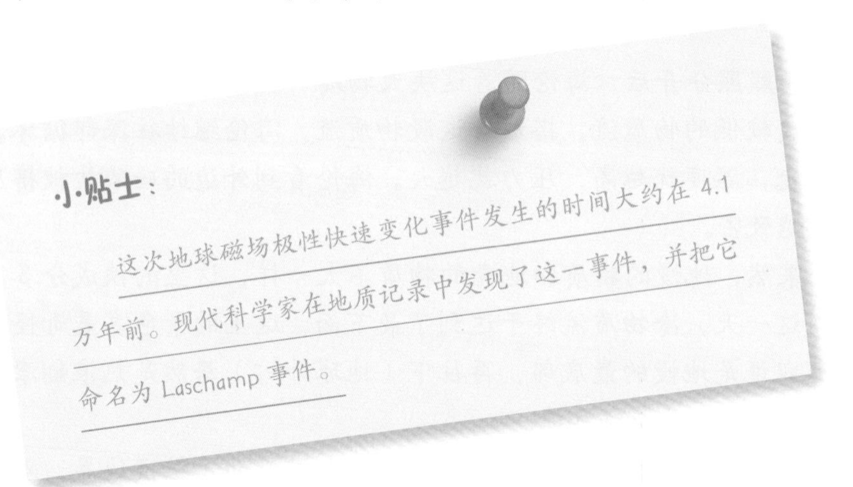


海伦此时已是身不由己。液体的运动速度并不算太快，可是炽热的液体正在逐渐把海伦所在的这块物质熔化，使之逐渐沉没在液体中，再也不见踪影。海伦内心充满恐惧，这要是被液体吸走，就有可能被循环到液体深部，被永久封存在那里了。那样，她再也不能回到爸爸妈妈身边了！

海伦心里一阵慌乱。这时，她想起来爸爸妈妈平时常说的话，在

任何时候都要让头脑保持清醒，抓住哪怕是最短暂的一个机会，也不要屈服。想到这里，海伦内心重新稳定下来，她的双手和双腿好像又听使唤了。这时候，她被循环到核幔边界附近，身边整块物质都被烤化了，就在这一瞬间，海伦猛地向上一跃，双手拼命地向上抓。

没掉下来的朋友早就注意到了海伦，大家赶紧伸出援手，把海伦给拉住。

经过这么一搅和，地核里的液体变得不稳定。这时，有一股巨大的热量从底部涌上来，把海伦所在的物质加热，这些物质开始缓慢上升，穿过地幔，形成地幔热柱，然后穿过地壳。大部分物质在地壳中冷却下来，海伦所在的物质最终被喷出了地壳。

整个过程让海伦都觉得不可思议——她从地下深处又回到地表上来。

她没想到底下的物质存在着这么大的流动性，地下的温度这么高。她更没想到，地核里有这么多的铁元素与镍元素，而且还形成了巨大的磁场。要不是亲自到下面去看看，绝对想象不到这些磁场是从哪里来的。

地球深层的层状结构也给海伦留下了深刻的印象。在浅部的时候，她遇到了硅酸铝家族，再往下面一点，遇到了硅酸铁、硅酸镁家族，再往下就是密度更大的橄榄石家族。

这些家族其实并不是一成不变的。橄榄石家族中的元素更复杂，当他们往浅部迁移时，镁、铁、铝和硅宝们会发生争执，逐渐分离，从浅部到深部就形成了不同的矿物组合。

海伦印象最深的，当然是硅宝们了。

在深部的地幔中，硅宝们的含量偏低，可以认为这里的岩石是还没分家时的状态，叫做基性岩。到了浅部开始分家的时候，最浅部岩石中的硅宝含量最高，叫做酸性岩。中间的状态就可以简称为中性岩。

海伦被喷出来的时候，变成了最初的状态$CO_2$。

她飘在空中，放眼望去，此时她在海中央的一座小岛上方(夏威夷岛)，往北望去，有一溜儿小岛排成一串(夏威夷岛链)，向西北方向延伸出去。

海伦感觉到下面的小岛存在微小的北向移动。她顿时明白了——将她喷出来的热物质在地下形成了地幔热柱，把上面的地壳烤穿，喷出来的物质形成了小岛。然后，这个小岛随着洋壳缓慢向北漂移。就在这个小岛原来的位置，也就是地幔热柱的头顶位置，新喷出来的物质又形成新的岛屿。于是，随着时间推移，越老的小岛就越被向北推移，于是形成一串的小岛，像是个由小岛串起来的链条，叫做岛链。

海伦被自然的力量折服了，心中暗暗惊叹不已。

原来在空中之城的时候，她总是觉得下面的世界非常安静，然而这次的旅行让她知道了，无论是在地上还是在地下每时每刻都发生着各种重大改变。假以时日，这种改变就会对地球环境造成重大影响。

海伦在核幔边界处遇险

# 24 遇见$^{14}C$

话说爸爸、妈妈、乐乐和聪聪在空中随着西风带围绕着地球旅行。这一天，大家突然感觉到了有些异常。他们所熟悉的地球磁场开始变得不稳定，地磁场的强度开始减弱。

地磁场对地球生物起到了保护的作用。宇宙中每时每刻都有各种高能宇宙射线向地球打来。地球磁场的作用就是使这些宇宙射线发生偏转，让它们在射入地球之前，就又被折返回宇宙空间。当地球磁场强度变小时，这些宇宙射线就会乘虚而入，进而影响地球上的生物和环境。

大约在距今4.1万年前的一段时间，地磁场突然变乱，宇宙射线开始来得猛烈。乐乐和聪聪当然不知道此时在核幔边界处的海伦正在经历怎样的险境。正当他们讨论地磁场为什么改变的时候，只见从远方高速地飞来一颗高能宇宙射线粒子，向着乐乐飞来。乐乐正背对着这个粒子，根本就看不到。聪聪眼疾手快，赶快把乐乐往边上一拉，躲过了这个高能粒子。可是，这颗高能粒子打中了身边的一个氮宝。

这一切发生得实在是太快了，尽管被高能粒子打中的几率很小，

但是它确实就在眼前发生了。

爸爸妈妈惊呆了。

那个氮宝体内正发生着剧烈变化，只见她小脸通红，身子一起一伏。在元素世界里，被高能粒子打中，基本无药可救。

紧接着，大家几乎不敢相信自己的眼睛——这个氮宝居然变成了碳宝！只不过她体内的一个质子变成了中子，变成了非常不稳定的碳十四（$^{14}C$）状态。在碳家族里，碳十二（$^{12}C$）和碳十三（$^{13}C$）是稳定的状态。而$^{14}C$的身体里装了太多的中子，就非常不稳定。为了变得稳定，$^{14}C$里的一个多余的中子又会慢慢变成质子。

关于中子变质子，乐乐知道后果是什么。自然元素之间的本质区别就是身体里的质子数量。只有一个质子，那就是氢宝；六个质子是碳宝；八个质子是氧宠物。如果身体里的一个中子变成质子，那她又会变成氮宝！

乐乐内心非常不安，毕竟这个氮宝被打中和自己有关。

“在重新变成氮宝之前，这个$^{14}C$碳宝还有多长的稳定时间？”乐乐着急地向爸爸请教。

“根据自然法则，这种中子变质子的过程叫做衰变过程。对于$^{14}C$，有一个半衰期，是5730年（半衰期是衰变一半的时间）。也就是说，这个$^{14}C$碳宝至少在万年尺度上是稳定的。”爸爸拍了拍乐乐的肩膀，示意他放松。

谁都知道，在空中之城，氮宝和碳宝两大家族非常不和睦。虽然乐乐有一两个氮宝朋友，还宣称要在一起做大事，可还是不能改变在空中之城氮宝和碳宝家族老死不相往来的局面。在那里，两个家族根本就没有任何交集。

可是突然之间，一个氮宝居然临时变成了碳宝。虽然她不稳定，可是至少在万年尺度上，她变成了碳宝家族的一员。

过了一会儿，这个$^{14}C$碳宝醒了过来，她一下子就发现自己身体的变化。换作谁也无法相信这个事实，自己居然变成了碳宝！

这种身份的迷失是最让人痛苦的。这个$^{14}C$碳宝的心情可想而知。她一言不发，眼中一片迷茫。

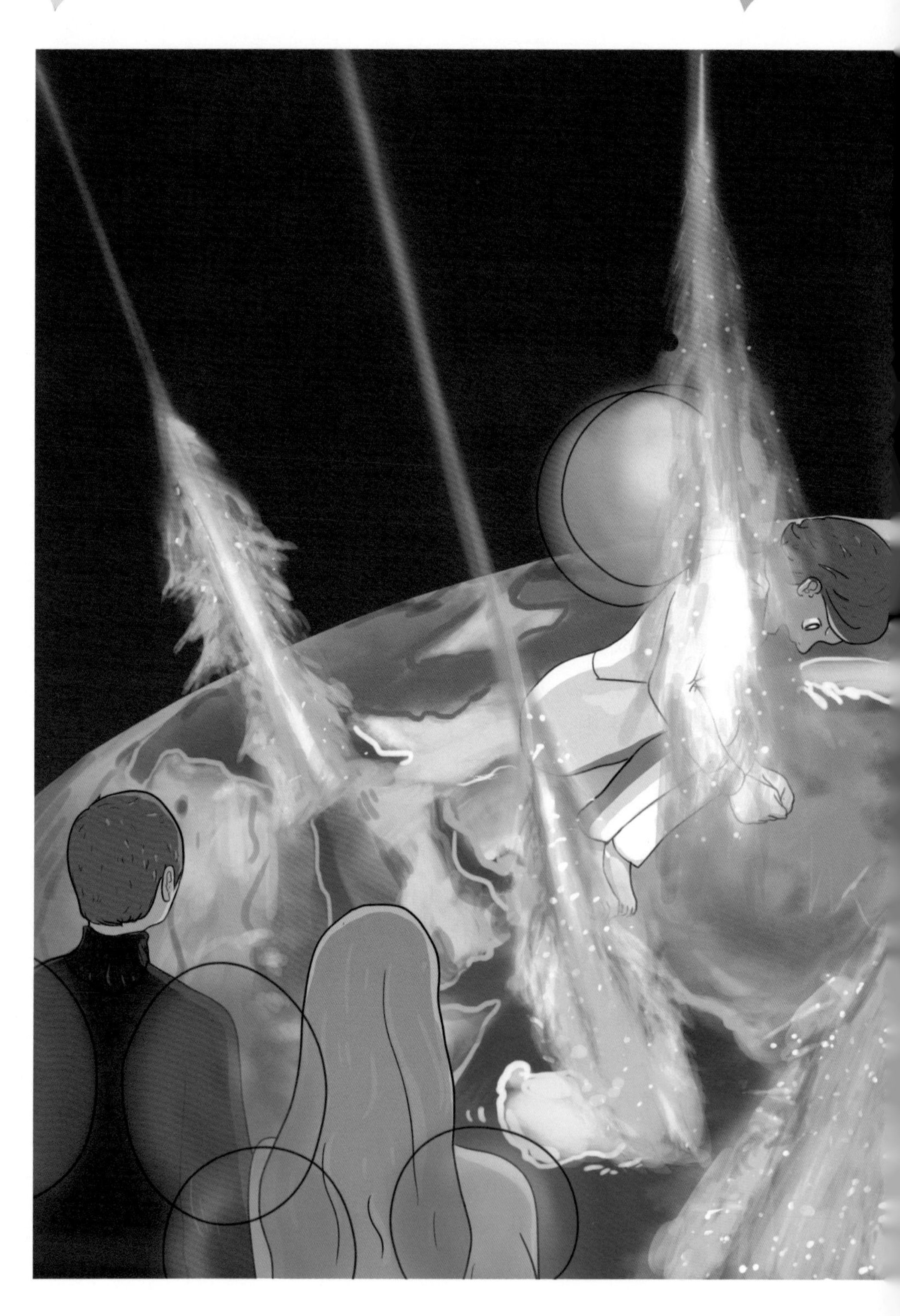

“你好，我是乐乐！”乐乐主动上前打了个招呼。但是，对方没有做出任何反应，好像乐乐根本不存在似的。乐乐不放弃，就陪在她的身边，告诉她之前弟弟淘淘和氮宝交往的事情，给她讲一些小笑话。

渐渐地，乐乐的热情起了作用，新碳宝也偷偷瞟了乐乐几眼，心情好了很多。尤其是乐乐告诉她，只要过上一万年左右，她就会慢慢衰变成原来的氮宝。$^{14}C$碳宝眼睛一亮，露出一丝开心的笑容。万年尺度对于元素们来说可以等。

“你叫什么名字？”乐乐问这个$^{14}C$碳宝。

“我原来叫氮涂涂。”$^{14}C$碳宝小心地回答着。

“那现在你只能叫碳涂涂了。”乐乐打趣道。但他马上很郑重地说：“涂涂，别担心，当你是碳涂涂

氮涂涂被高能射线击中变成了碳涂涂

时，就是我们碳宝家族的成员，我会和你在一起的。在我们的大家庭里，你不会孤单的。”

“碳涂涂这个名字也还不错。”涂涂心里想着，感激地看了乐乐一眼。

有了涂涂这个新朋友，乐乐和聪聪讨论的时间少了很多。

“妈妈，你看乐乐有了新朋友，都没工夫和我们说话了。”聪聪忍不住抱怨着。

“傻孩子，你们总是要长大的。长大的标志就是你们会逐渐有自己的生活，我们碳宝家族一样不可能永远在一起。你们长大了，各自都会有自己的一番事业。而且涂涂现在是碳宝，我们应该多关心她。”妈妈劝解道。

聪聪知道这个道理，但是，心里还是有点不舒服。

涂涂也非常有趣，她带来了很多碳宝们不知道的氮宝循环的故事。这大大拓宽了碳宝们的知识领域。

原来，外表冷静的氮宝们也有着不平凡的循环旅程，只是在很多情况下，他们的旅行不在一个循环体系里。在动植物身体内，聪聪就已经发现了不寻常之处。动物和植物体内非常复杂，远远不是碳宝们自己就能维持的，这其中包含着其他元素的合作，比如氮宝。虽然聪聪还没来得及去体验和其他元素的合作，但是也已经有所耳闻了，氮、碳、氢、氧会一起形成比如氨基酸的成分。

# 25 降落新大陆

涂涂的身体比较虚弱，往东飘了一段时间就走不动了。乐乐主动请缨，想陪着涂涂到下面的一块大陆上休息一阵。

爸爸妈妈想了很久，最后还是同意了乐乐的意见。首先，乐乐已经长大，不必总是跟着爸爸妈妈身后，他有能力决定自己的前途。其次，不能把涂涂一个人留下。经过几天的相处，爸爸妈妈也很喜欢涂涂，发现她的气质完全不同。但是，他们不能留下来，还要前去寻找其他的孩子。

在爸爸妈妈心里，每一个孩子都是自己的宝贝。爸爸妈妈需要找到他们，看到他们平安心里才会踏实。目前，乐乐已经能够让他们足够放心地暂时离去了。

爸爸、妈妈、聪聪和乐乐商定，乐乐就在这块大陆上等他们，将来只要来这里相聚就可以了。

乐乐和涂涂降落到了大陆上，这块大陆后来被人类称为美洲。

这个美洲大陆面积可真不小，到处是茂密的森林，很多大型的动物快乐地生活在这片土地上。乐乐和涂涂在这片土地上找到了一种久

美洲印第安人

违的感觉，他们要为这里的植物繁盛做出自己的贡献。

他们时而循环到花花草草中，时而循环到蝴蝶的身体里，在草丛间飞舞。这样的日子快乐而惬意。

地球上的天气已经极其寒冷了。大约一万年前，在北面原来是海水的地方出现了一条长长的陆桥，有一队智人正沿着这个陆桥一路走来，他们在追赶一群猛犸象。

经过这么长时间的休养，涂涂完全康复了。于是他们决定飞到智人的生活圈里，看看他们在做些什么。

显然，这群智人在这里也非常适应。他们从来没见过这么多大型的傻傻的动物，这些动物也从来没见过这些智人。这些智人显然还处在采摘阶段，从北向南逐渐行进，边走边采摘。

他们慢慢建立了自己的文化。不过可怜的是，这些大型动物非常不适应智人的到来。有些动物傻傻地在智人面前摇头摆尾，结果就被人类给抓住吃掉了。

这些人很神奇，他们竟然懂得用火。当眼前一大片森林挡住去路时，只要一个火苗，火势就能在噼噼啪啪声中蔓延开来，用不了多久，这一片森林就被烧得面目全非。动物们被吓得四散奔逃，有不少被烧死，成了人类的晚餐。

很多时候，大型动物本身并不怕瘦小的人类。他们有厚厚的盔甲或者长牙齿自保。可是，这群人类并不按常理出牌，他们会偷吃这些大型动物的蛋或者幼崽。结果，人类所过之处，大型动物很快就消失了。

# 26 降落新月地带

爸爸、妈妈和聪聪沿着西风带继续东行，在这种全球尺度上寻找其他孩子还真是难。

当他们飘到另外一块大陆（欧洲）上空的时候（一万年前左右），天气大变，大雨倾盆而下，他们在暴风雨中不得不随着雨水降落下来。这个地方处在一个大海(地中海)的东边，从空中往下看去，这里地势有点高，整个地形就像一弯新月（欧洲新月地带，最早的农业起源地）。聪聪喜欢月亮，在天上经常看月亮是她的一个习惯。

看到这个地形，聪聪心里很高兴，暂时在这里生活了一些日子，等待下次能够把他们循环到天上的契机，然后再开始下一阶段的旅行。他们把这块地方称作新月地带。

这次爸爸、妈妈和聪聪循环到了一粒种子里，然后被附近的智人采集回去。这群人目前主要靠采集植物生活，没有特别固定的居住地方。

这颗种子一不小心被智人掉落到路边的泥土中。

对于智人来说，丢失一粒小小的种子，实在不会引起他的注意。

但是，聪聪非常懊恼。她最怕的就是被别人忽略。如果被智人吃掉，还可以循环到他们的身体里，然后跟随他们四处旅游。被遗忘在这个角落里，她真心不甘。

可是，这一切不是她自己就能够决定的。

这颗种子慢慢被尘土覆盖，周围一片寂静和黑暗。外面天气逐渐变冷，然后又开始变暖，水分也开始充足起来。春天来了。这时，种子里有一种生命力在慢慢爆发，聪聪都觉得惊讶。以前她也循环到过种子里，可是很快就被其他动物吃掉。这次对她来说，将要开启一场全新的旅行。

这颗种子慢慢发芽，茁壮成长。聪聪他们在嫩芽的顶部，随着小苗一点点长高。他们可以感觉到空气中有源源不断的碳宝们被这颗种子吸引，争先恐后地参与到它的生长中。这真是一种奇妙的体验。

新月地带：最早的农业起源区

关于碳宝们对植物的贡献，聪聪早就熟知了。她站在植物顶端，和爸爸妈妈一起看在他们参与下建立起来的这座植物之城。

一切好像有着严格的时钟控制一样。到了一定时刻，这颗植物开始开花。过了一段时间，花谢了，里面又结出了很多新的种子。

正在他们享受阳光的时候，去年的那个智人又出现了。恰巧，他看到了这颗植物，他的眼睛里闪烁着惊异的光芒。

小贴士：

从新月地带的地理分布可知，这里自古就是人类迁移的必经之地，所以人来人往。另外这里气候适宜，有山有水，植物种类相对较多，最早在这里发展出农业也不奇怪。

这条路他走了很多次，每个角落他都非常熟悉。这里突然长出这棵植物，分明就是他去年采集的种子的同一种植物。他依稀记得当时沿路丢过几粒种子，但是当时他着急往回赶路，就没往心里去。看到这棵植物，他灵机一动，又往前跑去，走到去年丢种子的地方一看，果真，那里也长出了一模一样的植物，而且每颗植株顶端都长着一大串种子。

这可是个了不起的新发现。丢下一颗种子，就长出一株植物，然后可以收获几十颗新种子。虽然他还想不通如果撒下更多的种子，具体可以收获多少，但是一定像满天繁星那样多。

他兴奋地跑回去，对族群里的人挥舞着手中的种子，嘴里不断地说着什么。

部落里很多人跑过来，看到这个智人的新发现，都觉得这不错。可是却没有更多人积极响应播种的事情。也难怪，对于任何新奇事物，真正实行的时候是需要一些冒险和勇气的。目前，这里到处都是可以采集的食物，谁会关心一年后才长出来的新果实呢？大家嘀咕几句就散去了，似乎没有人对他的想法感兴趣。

这个智人着急地直跺脚，沮丧地看着族人离去的背影。聪聪看到他失望的眼神，知道他没有得到大家的支持。

这个智人把新收获的几百粒种子小心翼翼地收好。第二年春天，他把这些种子全部撒下去。同时，他还把采集来的另外十几类种子也撒下去，希望得到更多的收获。

看到这个智人这么坚持，勇于尝试，聪聪决定要帮助他。她和爸爸妈妈每天的工作就是说服空气中的碳宝们来参与到智人种植的植物

生长中。她看到氮宝和磷宝们也不断地参与进来。在大家的帮助下，这些植物长势非常喜人，毋庸置疑，这是一个丰收年。终于，这几百颗种子变成了成千上万颗，总之是很大的一把，数也数不清。

这下子终于惊动了族长。他简直不敢相信，靠种植种子就能长出这么多新种子来。

不过，并不是所有的种子都有预期的好收成，只有其中那么几种长势喜人。

于是，族长委派给这个智人一个新任务，只把长势特别好的种子再种下去。为了让他能安心照顾好这些植物，大家会供给他食物。等种好了，他再去采集和打猎。

智人种植的农作物开始结种子

## 27

# 农业形成

在聪聪他们的大力帮助下，这里有几种植物被成功地种植了。由于这里属于丘陵地带，在不同高度上的温度不同，长的植物也不同。逐渐地，种植的植物从低处到高处形成了一个系列。几乎每个季节都有一两种相应的植物开花结果。

每次聪聪都发挥了作用。她和爸爸妈妈所在的那棵植物总是长得最大，结的果实最多，种子个头最大。

这个智人很快就发现了这个特征。他每次都特意把聪聪所在的植物拿出来，单独种植。结果，这种植物越长越大，种子越长越多。

聪聪心里非常自豪。做任何事情，都要想办法投入，找到窍门，就能事半功倍。

没过多少年，这里的植物种植面积就已经很大了。但这出现了新的问题。种植这么一大片植物，可以养活很多的人，但是就需要更多的土地和劳力。这可愁坏了族长。

靠人来翻耕土地非常辛苦，这很快就变成了谁也不愿意干的体力活。找谁代替人力呢？

当地有一种比较温顺的野牛。于是智人就想能否让这种野牛帮助耕地、拉东西。但这可不是一厢情愿的事情，再温顺的野牛也不愿意被套住拉东西。

聪明的智人就从野牛的下一代开始驯化，让这些小牛犊从小就适应和人类一起生活。每次他们都选择较为温顺的小牛进行驯养，让他们繁殖后代，然后再选择其中温顺的小牛犊养起。奇迹出现了，没过几代，这种特地培育出来的温顺的牛一出生就很愿意和人类生活在一起，不那么抗拒帮助人类干活拉东西了。

这下子可解决了大问题。

不过族群里分出了两派。一派认为现今从周边能够采集数量充足的食物，他们不愿意定居下来只种这几种食物；而另一派认为，定居下来种植植物，收获比较有保障，而且还不用带着小孩四处奔波，尤其是妈妈们孕育小宝宝和小宝宝还年幼的那段时间，定居生活显然具有明显的优势。

可是两派谁也说服不了谁，最后大家就分了家，各自保持着各自的生活方式。一拨人还是按照过去的传统四处采集食物为生，不断迁徙。而另外一拨人开始定居下来，种植植物和驯养动物。他们和和美美地在这片土地上，耕耘翻种越来越多的植物，驯养着家畜家禽，小宝宝们在部落里奔跑嬉戏，部族的人口开始慢慢多了起来。

# 28 病毒来袭

这次，聪聪决定循环到小牛的身体里看看。爸爸妈妈叮嘱她小心点，他们俩不愿意跟着聪聪再折腾了，想循环到这个智人的身体里，多待一段时间。

爸爸妈妈循环到了一种叫做白细胞的组织里。他们还是头一次来到这里，也不是很清楚这些白细胞到底有什么用。

聪聪循环到了小牛的身体里。她发现有一种结构非常有趣的小型宫殿。这种宫殿结构非常简单，只有一条双螺旋结构，外面包着一层保护膜（学名：病毒）。

聪聪驻留在这里，想看看这么简单的宫殿到底是做什么的。

她知道在生物体内，虽然每种器官差不多都是由碳、氢、氧、氮组成，但是功能却有天壤之别，到现在为止，她也没完全搞清各种器官和小宫殿的作用。

这次，聪聪随便选择了这个简单的小宫殿进行考察，不曾想最后却酿成大祸。

这个小宫殿看着非常的简单平静，它不像其他大型宫殿，保护膜

内会有各种各样的小型宫殿和穿梭往来的车子。

这个智人每天都来这里挤奶。聪聪知道爸爸妈妈就在这个智人身上。她想给他们一个惊喜。于是，她就和身边其他的碳宝商量好，在智人挤奶的时候，溜到他身上。

还别说，事情真凑巧，这天这个智人的手上受了一点小伤，聪聪所在的小病毒就借着牛奶溅到他手上的机会，从小伤口里钻了进去。后面还跟着很多同样的小病毒。

一到了智人身体里，这些小病毒一下子就露出了真面目。他们快速地爬到智人身体里各种细胞上面。聪聪所在的病毒找到了一个细胞，二话不说就贴了上去。聪聪很是纳闷，这些病毒细胞到底要做什么呢？

只见这些病毒细胞的肚子下面伸出来两个长长的针管，把体内的DNA分子注入到了智人细胞里。聪聪也随着进去了。

小贴士：

DNA是生命的遗传物质，具有双螺旋结构。就像小朋友玩的过山车一样，在空中绕来绕去。G、A、T、C是其中四种基本配件，每两种配件精确地配在一起。比如，AT和CG，非常简单。但是，如此简单的配件组合在一起，形成了世界上最为复杂的遗传代码，控制着后代是小鸟还是人类。

只见细胞里面各种“小汽车”本来有条不紊地工作着，这时突然来了一群DNA闯入者。而且，这些DNA闯入者居然能够调动周围的各种小车，运来很多材料，按照这个DNA的模样，造出了更多的DNA。这下可不好了。本来这个细胞要正常工作，为智人身体服务，现在细胞内的资源都被这些病毒DNA占据了。

很快，这个细胞里就充满了病毒DNA。突然间，整个细胞炸裂了。一个病毒DNA变成很多病毒DNA，他们四散开去，各自再去寻找新的细胞。

这下子，聪聪可看傻眼了。这分明是强盗行径！

可是，病毒DNA哪里会听她的，她被卷入了这场病毒进攻之中。

智人感觉到了身体不舒服，开始浑身发烧，身体赶紧应急响应。

白细胞被应征在列。这些白细胞具有变形的特异功能。身子非常柔软，能够变成各种形状。哪怕只有一个小缝隙，他们也能够钻出去。正是因为这个变形能力，白细胞才能在各种组织间自由穿梭，成为人类身体内部的卫兵。

一时间，成千上万的白细胞从身体各处被调集过来，朝手指的小伤口跑去。爸爸妈妈也是头一次见到这个阵势。

只见，爸爸妈妈他们所在的白细胞大军停下来，不远处就是那群攻入的病毒，双方严阵以待。

首领们站在各自阵前，给自己的手下打气。

聪聪看到对面白花花的一大片，不知道是什么情况。

就在这个时候，双方都吹起了号角，一时间双方都向对方冲去，展开了一场

聪聪和爸爸妈妈相遇

激烈的战斗。

白细胞战士非常英勇，面对入侵的病毒毫无惧色。他们把身体变形，把病毒包裹起来。这些病毒看到白细胞这么厉害，有些撒腿就想跑，可是白细胞哪里会放过，跟在后面就追。

有一个病毒跑到了白细胞的身后，暗自得意，心想你这么大的块头，哪里有我灵活。谁知白细胞早就感知到身后的病毒，他突然变形，身后长出来一大块，一下子就把病毒给包了起来。

聪聪就在这个病毒里。白细胞体内分泌出特殊的物质，把病毒分解掉了。聪聪借机从病毒宫殿里跑出来，迎面就碰到了爸爸妈妈。他们看到对方，相互一怔——没想到才分开几天，再见面时居然分属于不同的战斗阵营。聪聪赶紧上前紧紧地拉住爸爸妈妈的手，她不想在这片混乱中再和爸爸妈妈分开了。

战斗持续了两天，智人手上的小伤口红肿起来。很多白细胞战士也牺牲在战场上，它们汇聚在一起形成了脓包，很快从伤口里排了出来，小伤口随之很快就痊愈了。

爸爸、妈妈和聪聪此时随着脓水排出了智人的体外。聪聪一言不发，内心非常沮丧。她本来想给爸爸妈妈一个惊喜，没想到会是这样的结果。

爸爸来到聪聪身边，想安慰一下聪聪。他刚一开口，聪聪“哇——”的一下子就哭了起来，“爸爸，我不是故意带着病毒来进攻的。我本来想给你们一个惊喜，谁知道这些病毒这么歹毒，一进去就搞破坏……呜呜呜……”

“傻孩子，爸爸知道你不是故意的。这个世界上有很多外表和内心不统一的事物。你看着病毒小，好像没什么能耐，其实那只是没有遇到适合的条件。只有学习、学习、再学习，才能扩大视野，分辨真正的善恶。”

“那么，我们碳宝要站在什么立场上呢？这些大规模的破坏让智人身体出了问题，事实上却不会伤到我们碳宝分毫，我们非要对此负责任吗？”

“你看看你，闷闷不乐的，其实就说明了你总会有一些立场来看待这个世界。公平地讲，病毒也需要能量存活下去。只不过搞破坏是他们的生存法则。”

“这些问题太复杂了！”聪聪皱着眉，摇摇头说。

“确实是复杂，你们还需要更多磨炼，才能得出自己的立场。”

“生物们都需要能量，并为此互相争斗。植物吸收太阳能，动物吃植物或者吃其他动物。此外，他们甚至还吃一些无机的东西，比如从土壤等地方获取多种元素，才能保持有机体的运行。我们碳宝也需要能量吗？”聪聪仰起小脸看着爸爸，大眼睛里充满疑问。

爸爸一怔，他没想到聪聪会问出这样的本质问题来。

碳宝到底需不需要能量？

答案当然是肯定的。能量是物质世界的基础。在所有元素的身体内，包括碳宝，都含有质子和中子。质子和中子组合在一起，形成一个整体，叫做原子核。维持质子和中子在一起，当然需要能量。

在质子和中子内部，还有更加细微的小粒子，叫做夸克，分为上夸克和下夸克。质子是由两个上夸克和一个下夸克组成，而中子则是由一个上夸克和两个下夸克组成。这些夸克要维持在一起，还需要一种叫做胶子的粒子把大家维持住，这需要非常大的能量。

爸爸点了点头，然后说道：“我们当然需要能量。在很久很久以前，我们的老祖宗从没有形态的能量开始，一点点地从能量变为夸克，夸克组合在一起形成质子和中子，然后质子和中子再组合成不同元素的原子核。我们把这种巨大的能量封存了起来，从外表根本看不到。”

“这么说来，我们碳宝家族也经历了漫长的演化过程？”聪聪惊奇地瞪大眼睛。

“当然了，任何事情都是演化而来的。”

“那人类也会继续演化吗？我们将来怎么演化呢？”

聪聪的问题越来越复杂。

“这些将来你都会经历，慢慢体会吧。”爸爸一时也不知道如何回答才好。毕竟每一个问题都不是几句话能够说得明白的。

## 29

# 美丽圣物

熙熙此时出现在中国东部。她对自己组织建造的金刚石之城感到非常自豪。她最开心的时候就是每天早晨，看着第一缕朝阳射入金刚石之城时产生的金碧辉煌的效果。难道这就是她一直在寻找的美吗？她想应该是的，但又不是很确定。

这一天，从远处来了一个小男孩，他蹦蹦跳跳地追赶着蝴蝶，突然发现了地下岩石中这个闪闪发光的东西。

他跑过来，仔细地观看着这块金刚石，然后招手把后面的妈妈叫过来。今天是这位人类妈妈第一次带小男孩出来采集食物。人类妈妈也被这个闪闪发光的东西吸引住了。她用身后的一把石斧左撬右撬，把含有金刚石的这块岩石撬了下来，然后拿回了部落。

部落首领看到这样的东西，高兴得嘴巴都合不上了。他相信上天有神灵，而神灵则会把最美的东西封存起来。这个亮晶晶的东西到底是什么，而且还镶嵌在石头里。

于是，首领命令手下小心地打磨这块石头，经过千辛万苦，终于把这块金刚石完整地取了出来。这块金刚石如鹌鹑蛋大小，首领把这

块金刚石拿在手中，一只手刚好把着它。阳光一照射，它就发出令人眩晕的魔幻光芒。

首领把这块金刚石用手托起来，嘴巴里呼喊着什么，族人们都跟着呼喊起来，神情非常虔诚。首领把这块金刚石固定在他的手杖上，每天早晚两次，大家都前来朝拜。

熙熙看着每天都有人来朝拜，慢慢地理解了其中的意思。这个族群信奉太阳神，金刚石刚好能发出太阳般璀璨的光，自然就被族群当成了太阳神的信使。很显然，这块金刚石已经成了族群的圣物。大家祈求好运，祈求食物充足，祈求多子多孙。

巧得很，在族群供奉起这块金刚石之后的几年，气温慢慢回暖，风调雨顺，树林里的果子多得吃不完，小动物也是四处乱跑，抓起来也很容易。 最要紧的是，他们在四周的山里又发现了几个可以容身的山洞。

这个消息被周围其他部族知道了。大家都听说了这块神奇的金刚石，每个部族都想把它据为己有。

在一个漆黑的夜晚，正当族人们睡得香甜的时候，另外一群人手里拿着石刀和石斧悄悄地逼近了他们的营地。

其中有一个络腮胡子的首领，走在前面。只见他手一挥，大家就冲了进去，很快就把金刚石手杖抢走了。

络腮胡子首领得意地把金刚石举向天空，哈哈大笑。

后面的事情就更糟糕了。这块金刚石被不同的族人抢来抢去。最要命的是，有一次金刚石被摔在石头上，碎为两半。为此，同一个族群分为两半，每一个族群都说自己的那块是最高级的圣物，开始形成两个不同的集团。

熙熙真是苦恼极了。她很担心被拿走的另一半金刚石的命运。那里面全都是和她同甘共苦、从地球内部高温高压环境中逃出来的朋友。每次看着不同的族群拿着两块金刚石在那里吵来吵去的时候，他们都在金刚石里呐喊："我们是一家人！我们是一家人！"

可是，人类怎么可能听懂他们的呼声。

# 30 变成木炭

淘淘和米粒过了一段逍遥的日子。这次他们循环到一棵大树上。这些日子天气开始变得干燥，树叶有些枯黄，树皮都有些发裂了。

淘淘和米粒没经历过这样的天气。前些年天气是那样的寒冷，这些年天气慢慢变暖，而且升温速度很快。随着温度增加，淘淘和米粒发现空气中的碳宝们又多了起来，空气也逐渐湿润起来。可是不知怎么回事，突然之间，气候又突变，变得有点冷，雨水变少，非常干燥。

这天，晴空万里。突然从天上飞来一个小黑点，在进入大气层后，发出耀眼的光芒，朝这片森林飞了过来——这是一块陨石！这块陨石在大气中燃烧，浑身是火，体积越来越小，最后剩下的一小部分正好落在森林中，顿时一场大火在森林中蔓延开来。

淘淘和米粒所在的这棵树也被点着了。在高温下，氧宠物非常欢跃，吵吵嚷嚷地要找回碳宝主人。树干在外部的物质被烧成了二氧化碳，飘向了天空，而里面的物质，由于缺少氧宠物，被还原成了黑乎乎的炭，成片的大树变成了木炭桩。淘淘和米粒也留在了木炭里面。

日月如梭，在这片土地上，人们的装束和生活习惯慢慢地在改变。

他们原来游走四方靠采摘过活，现在慢慢聚集在一起，定居下来，开始种植庄稼，养殖畜牧。

这一年初冬，来了一群人，看到这遍地的木炭，心里乐开了花，他们用车子拉走了很多。

这些木炭是上好的燃料，一旦重新点燃，就可以发出很多热量，屋子里都暖洋洋的。

这些人把另外的木炭放在屋子里，含有淘淘的这块被拿到石板上，有人用锤子把这些木炭敲碎，然后再研磨成细小的颗粒。淘淘不清楚他们要做什么。

“首领有令，如果再做不出长生不老药，全体挨罚！”外面有士兵对屋里的人厉声说道。

“我们很快就做好了！”屋子里的人满脸堆笑地回答道。

他们手中的动作更加快了。淘淘他们被研磨成细细的粉，然后把淘淘倒入了另外的物质里。淘淘一看，里面有硫宝(S)和硝酸钾($KNO_3$)。什么时候这些氮宝和钾元素走到一起了？为什么这些人会把淘淘和这些物质放在一起？

“这是我目前想出来的最好配方，不知道延年益寿的效果如何？”

“我们赶紧把它搓成丸子吧。”

说罢他们开始把这些粉末和上黏合剂搓成了圆圆的小丸子。

其中，有些粉末事先可能受潮了，黏在一起。于是这个人只能把这块黏在一起的混合物重新拿到石板上，拿锤子想把它们砸碎。

只听“呼”的一声响，锤子刚落，黑色粉末就爆炸了，放出刺眼的火光和一声巨响，热气扑面而来，伴随着还升起一股黑色的浓烟。这个人的脸完全被熏黑了。他呆呆地站在那里，吓蒙了，一时间不知道发生了什么事情。

淘淘当然知道发生了什么。在锤子砸下的瞬间，强烈的撞击导致温度突然升高。硝酸钾里面的氧宠物率先活跃起来，从每个硝酸钾分子里逃脱出来。这样每两个硝酸钾分子就能逃出来两个氧宠物：

$$2KNO_3 \longrightarrow 2KNO_2 + O_2$$

这些氧宠物一看到周边有碳和硫，就如同见到亲人一样扑过来，形

成二氧化碳和二氧化硫，碳宝和硫宝一下子又变成气体状态。这下子，物质的体积突然增大。这要是装在瓶子里，非把瓶子炸破不可。

淘淘完成了历史上第一次人工合成物的爆炸，重新变成了气体状态的二氧化碳，而米粒则还保持着固体状态。

这几个人吓坏了。

“怎么回事？天哪，我们这是制作出了什么药？颜色发黑，居然会爆炸喷火，难不成这是黑火药？”

“黑火药，这个名字起得好。我们得把这个告诉首领，求他宽恕。”

“这个黑火药有什么用？我们得想办法，利用这些黑火药。”

淘淘在弥漫的空中看到这些人赶紧把剩下的黑火药收集起来。米粒就在里面。

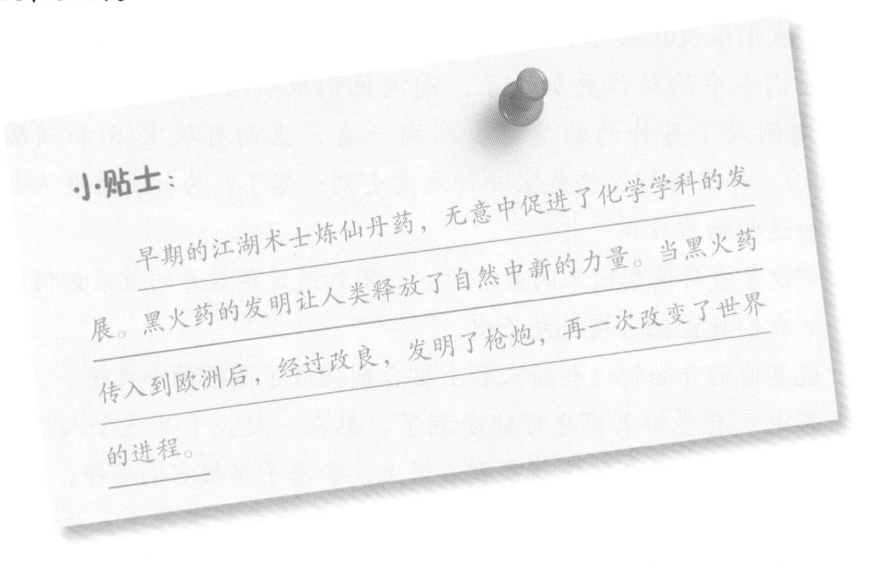


要想把米粒解救出来，除非也发生爆炸，可是这些人把米粒保存得好好的，一点火星也不让见，连颠簸一下都尽量避免。

31

# 新年炮竹

这些人在屋子里像热锅上的蚂蚁，惊恐焦虑，惴惴不安。出了这样的事情该怎么向首领交差才好啊？这些黑火药肯定不能让首领当药丸吃下去。

当时，恰逢年关，窗外传来稀稀落落的几声爆竹声。传说，过年的时候有个凶猛的年兽要来村落里索要贡品，不满意的话就到处横冲直撞，吃人毁屋。为了恐吓和驱赶年兽，全村的人就要在大年三十夜里和正月初一时，敲击任何可以发出响亮声音的东西，或者火烧竹子使之爆裂发出“噼噼啪啪”的声响。因为最初大家烧竹子，就叫“爆竹”。

突然，有个人脑中灵光一闪：“我们要是把这些黑火药用小小的陶桶装起来，然后再点燃，不就可以发出很大的声音吗？这个肯定比敲敲打打省力而且声音效果还强。”

“这个想法真不错！”

“好主意！”

大家一致赞同。再说，也没有什么别的好办法来给自己脱罪啊，权且试试吧。

在黎明前，第一批炮竹做成了。虽然长生不老药没有做成，但北方首领还是非常高兴，在新年的时候，有响亮的炮竹来助兴，他就免除了这些人的罪过，不过还是命令他们继续制造长生不老药。

有了炮竹的助兴，城里的新年显得格外不同。尤其在晚上，炮竹四处闪耀，到处响着“噼噼啪啪”的声音，仿佛在告诉这个世界，这里是人类的主宰。

米粒被装在一个盒子里。淘淘就在附近看护着，他可不能把米粒给弄丢了。米粒是碳宝家族里最受大家关照的一个，她的胆子最小。此时，米粒在黑黑的盒子里暗自哭泣。想到爸爸、妈妈和其他兄弟姐妹都不在身边了，现在就剩下她自己了，眼泪就止不住往下流。

淘淘在盒子外面听到米粒在哭，就飘过去在盒子外面安慰她。

听到淘淘的声音，米粒心里踏实多了。

过年放烟花

# 32 碳熙熙变身

熙熙的金刚石之城被一分两半，南方同一族人也因此分为两大阵营。每个阵营都说自己的这一半金刚石才真正代表太阳神。随着时间的推移，他们的对立越来越严重，还发生了很多次冲突。

这时候，他们都想起来找北面的首领来支持自己这一方。

北方首领的要求很简单，谁把金刚石献上来，他就支持哪一方，就会送给他们所需的兵器。这可是非常诱人的条件。南方的族群此时比北方落后很多，平时想和北边族群交换武器，都被禁止。

不过，让他们交出自己心爱的圣物，心有不甘。可是为了在竞争中占据有利位置，只好忍痛割爱。这两块金刚石被送到了北方首领的手上。

北方首领一看到这两块金刚石，瞪大了双眼，他被它们的美丽震撼了。他早就听说了金刚石的来历和相关传说。这次亲眼看到，比他想象中的还要美。于是他把熙熙这块金刚石镶嵌到了王冠上，另外一块镶嵌在手杖上。

熙熙早就习惯了底下的人对她低头，不过这次的阵势明显又宏大了许多。时间一长，她都觉得自己有些神力了，不然为什么能够产

生这么炫目的光芒，为什么这么多人都在崇拜她，不会每个人都是傻瓜吧。

为了彰显这两块金刚石的神圣意义，有人提议建造一个通天塔，高耸入云，这样就可以让金刚石更加接近太阳。

建造通天塔可不是一般的工程，声势之浩大，前所未有。所耗的人力物力，更是数目惊人。北方首领管辖范围一半的树木都被砍倒了。南方部落的树木也在应征之列。

这下可把南方两个部落惹恼了。本来他们之间因为金刚石才有隔阂，可是把金刚石贡献出去后，他们反而少了争执的焦点，认识到本来就是一家人，慢慢他们就和好如初了，两家变一家，实力大增。

这次北方首领的行为彻底激怒了南方部落。贡献金刚石本来就不情愿，答应给的武器也没有全部兑现。于是他们趁着北方部落内部混乱之际，起兵造反。

北方首领兵败，慌乱中，他拿起王冠，并用包裹把一些他喜爱的小零碎包起来，米粒所在的黑火药盒子也在其中，然后跑上了还没建成的通天塔。淘淘跟随着北方首领手中的包裹也上了通天塔。站在高处往下看，黑压压地到处是人，有些人手里还拿着火把，看到北方首领不投降，最后他们把通天塔点燃了。

热气慢慢升上来。盒子里的硝酸钾开始有了反应，一声爆炸，黑火药爆炸了。这下可不得了，这个小盒子是青铜做的，这一声爆炸把盒子都炸成很多小碎片，北方首领身上中了很多青铜小碎片，他身子一晃，王冠掉入下面的火海中。

在高温下，熙熙所在的这块金刚石中的碳宝慢慢被氧宠物逐层拉走。在最后一阵眩晕的光芒中，熙熙找回了最初自由的感觉——整块金刚石不见了，所有的碳元素都变成了气体状态的碳宝（$CO_2$）。

硝烟散去，淘淘首先找到了米粒，这样的爆炸对米粒也毫发未伤。这时候淘淘看到从下面升上来一股热气流，里面有个碳宝，身影怎么这么熟悉，定睛一看，天哪，这不是熙熙么。这么多年没见，在这样一场爆炸和大火中，他们重逢了！

熙熙抱着淘淘和米粒嚎啕大哭，这里有重逢喜悦的泪水，也有这

些年经历带来的压力释放。

熙熙通过抗高温高压，和其他碳宝们一起构建了金刚石之城，找到了目前她认为最美的光线。可是，为什么这样的绝世之美带来这么多麻烦呢？更让她费解的是，这么坚固的金刚石在高温面前怎么又会如此不堪一击？那些过去万人膜拜的所谓的神力呢？

小朋友，你们能告诉熙熙答案吗？

不过碳宝们重逢，喜悦大于悲伤。没有了光芒四射的感觉，熙熙反而觉得心里踏实多了。过去虽然被供为神明，但是她也失去了自由，那样的美还不如自由更重要。

他们三个碳宝手拉手，有说不完的话，分享失散后各自的经历，听着对方的故事都赞叹不已。

33

# 形成石墨

熙熙对变成黑火药很感兴趣，天天吵着让淘淘和米粒带她再走一遍这个旅程。

淘淘和米粒最后被央求得没办法，只好带她重新变成大树，等待下一次大火来袭，变成木炭。

可是，事情经常不按常理出牌。天上既不掉陨石，也没有雷电袭击。这棵大树静静地生长、枯萎，然后倒地，最后被尘土覆盖。

本来想要一次有趣的旅行，没想到居然被封在了大树体内，而且还被尘土盖了起来。

没过多久，碳宝们就感觉到底下有热量袭来。这感觉他们太熟悉了，有一股岩浆正从地下往上冒！

被岩浆带出去也很好，大家觉得希望就在眼前。

这的确是一股岩浆，可是它非常黏稠，流速很慢，不慌不忙的样子。而且它走的路径并不直接通过碳宝这里，而是从旁边经过。但是热浪的温度越来越高。

因为被埋藏在地下，碳宝们所处的是一个相对封闭还原的环境

（氧气不足的环境），淘淘他们发现氧宠物慢慢离开了自己。没有了氧宠物，淘淘和米粒非常不习惯。熙熙经历过相似的过程，她告诉大家，千万别怕，赶紧手拉手联合起来。这样每一个碳原子都和其他三个碳原子联合起来。

可是这次和熙熙之前的经验不完全一致。以前在地球深部高温高压的环境里，碳原子们排列成空间立体结构。可是这次，每六个碳原子就形成一个六边形，沿着二维平面排列开，形成一张巨大的网。每张网都特别结实，但是网与网之间的联系就不那么紧密了。

这一次，熙熙他们没有形成金刚石，而是形成了石墨。

与金刚石不同，石墨是黑色的，并且不透明。虽然石墨和金刚石都是碳元素形成的，但是二者的外观和性质差别巨大，一般人都会认为这绝对是不同的元素。

不知过了多少日子，突然有一天，淘淘、熙熙和米粒还有其他碳宝们一起形成的石墨被挖了出来，然后被做成了一方砚台。这方砚台上面雕刻着美丽的花纹，一看就是一个珍藏品。

这方砚台被人买走了。这个人开了一家小商铺，靠卖文房四宝为生。这方砚台工艺之精细令他如获珍宝，爱不释手。他把它收藏起来，轻易不肯示人。

一天，他的店铺里来了一位书生，看面相四十几岁，气度非凡。他在店铺里转了半天，一方砚台都没看上，叹了口气。店主一看，这是一个真正的读书人和行家，于是说道："兄台，请留步，我还有一方砚台。"

店主拿出了自己珍藏的砚台。书生一看两眼放光。这方砚台的质地太好了。只见它色泽靓丽乌黑，黑里透亮，亮中取静，静韵深远。砚台上周边的龙凤活灵活现，气势非凡。

这个人出手就是一块黄金，生怕店主反悔不卖。

店主也呆住了，没想到这人这么大方，这块黄金够把他的店铺都买下来了。

看到这个人这么大方，碳宝们知道自己这么有价值，一个个都挺起胸脯，自己都觉得骄傲。

读书人获得了一方有灵性的砚台，每次观看，都觉得里面有人和他交流。

这一天应一群人邀请，这个读书人参加了一次酒会。大家边喝酒边吟诗作对，把大家即兴写的诗歌汇集在一起，竟然有一大摞。大家就邀请这个读书人为此诗集作序。

借着酒性，读书人从怀里拿出了珍藏的砚台，现场研墨。熙熙、淘淘和米粒都被研磨到黑色的墨汁里。读书人拿起毛笔，在月色下，仿佛看到砚台上的龙凤飞舞起来，飞到了毛笔的笔尖。他的手被毛笔带动着，笔走龙蛇，现场的人被他的气势惊呆了。大家看过写字，但是没见过今天这气势。写完这个诗集的序言，读书人气喘吁吁，好像耗尽了平生的气力，瘫在那里。这哪里是一部书法作品，分明是用自己的精气谱写的一曲生命之歌。

## 34

# 建造神庙

在美洲的乐乐和涂涂过着逍遥的日子。这块土地上的人们（玛雅人）住在茂密的森林里。地下是厚厚的碳酸盐。乐乐和涂涂帮助解救了很多被困在地下的碳宝，形成很大的地下溶洞。顶层的岩石崩塌后，形成了很多露天大洞。当地人非常喜欢这种露天大洞，里面的水源是他们不可或缺的资源。当地人把这些天然大坑叫做天坑，并在这些洞口周围建造房子。人越聚越多，形成小村庄，后来形成城市。在天坑附近，修建了庞大的石头金字塔。

因为没有大型动物可以驯养，也没有金属资源可以利用。很晚的时候，这里才发展出农业，而且相当原始。

石器显然是这里最为重要的工具。

这次，乐乐和涂涂循环到一棵圆圆的大树上。有一天，他们突然被一阵砍伐声惊醒，原来这里的人在利用石刀砍伐大树。

他们把大树抬到很远的地方。那里放着好几块雕刻好的巨石。这些人把原木放在地上，然后把巨石放在树木上，向前慢慢滚动。这个方法还真是好用，这样，巨石一点一点地从远处运到了城市中心。这

里已经矗立了很高的一座神庙。

这个神庙底座呈方形，向上逐渐变小，顶部还差几块石头就要完工了。运来的这几块巨石刚好补缺。

盖好石头底座后，他们在神庙顶上用这些原木盖了一座木质的屋子。乐乐和涂涂刚好站在最顶端，这里至少高出地面七十几米，可以俯瞰周边，视野极为开阔。

夜晚的天空尤其晴朗，每天夜晚，都有祭司到神庙顶上来观测宇宙。

# 35 食物链

一天晚上，乐乐和涂涂正在仰望浩瀚的星空，讨论天空中星星组成的图案。

突然，他们发现从木柱子底下悄悄爬上来一队生物。它们的身体是白色的，头上长着一对大钳子。这种小生物是白蚁。经过勘察，他们早就看上了神庙顶部的这些大圆木。

兵贵神速，这些白蚁一爬上来就对着木头“咔咔”咬。小的粉末直接吃到肚子里，然后把剩下的大一点的木屑用嘴巴叼回洞里。

乐乐和涂涂所在的小木屑就被一只白蚁运回了蚂穴。

原来在神庙边上森林里的草丛中，隐藏着一个巨大的白蚁穴。从外面看，就像一个小土包，上面长着青草，一般人都觉察不到。

乐乐和涂涂这次被储存在树干中，这是一种纤维素。纤维素和淀粉都是由很多个葡萄糖手拉手连在一起形成的，只不过他们空间排列不一样。如果想要把葡萄糖之间的手打开，变成单个的葡萄糖，就需要特殊的分子机器。在人类体内有特质的大分子（淀粉酶），它可以打开淀粉大分子中葡萄糖之间的小手，然后葡萄糖可以直接被人利

用，放出能量。可是，淀粉酶这种机器的形状与纤维素分子的形状不匹配，也就打不开这些纤维素分子。所以，人类不吃这些纤维素。这就好比一把钥匙开一把锁。钥匙不对，锁肯定打不开。

为什么这些白蚁可以吃人类吃不了的东西？这可真是一个有趣的问题。乐乐在动植物体内循环过很多次，但这还是头一次参加纤维素被动物消化的过程。

乐乐和涂涂被带进白蚁洞。天哪，这里面可真复杂，好像迷宫一般，里面住着的白蚁数也数不清。

白蚁分工非常明确。洞里面个头最大的一只是蚁后，她负责生产白蚁小宝宝。数量最多的是工蚁，负责整理洞穴、抚养小宝宝、寻找食物等等。还有一类是兵蚁，负责保护洞穴。这些兵蚁的嘴巴变异成进攻的武器，失去了吃饭的功能，所以每天都得工蚁来喂他们进食。

乐乐和涂涂这片木屑被喂进一个兵蚁的嘴里。木屑顺着兵蚁的消化道进入了它的体内。这些木屑真结实，一般的消化酶根本就对付不了。

突然，乐乐发现前面有很多细菌城堡。这些细菌专门分泌一种特殊的纤维素消化酶，刚好匹配纤维素的尺寸，就把手拉连成串的葡萄糖分子打开，变成单一的葡萄糖分子。这些细菌分解了很多这种纤维素，把一部分能量留给自己，一部分能量传递给白蚁。

乐乐还头一次看到有这样的生活方式。显然，白蚁为这些细菌提供保护场所和食物，细菌为白蚁分解更多的能量作为回报。这种双赢的模式，使得白蚁和细菌这两种完全不同的物种都能很好地生存。

几只白蚁吃饱了，往洞口爬了过去。突然间，一条长长的舌头扫过来，舌头上面都是黏液。这只白蚁一下子就被舌头卷走，被送入另外一个大嘴巴里。

原来，在白蚁洞附近经常活动的是一只食蚁兽。食蚁兽，顾名思义，专门吃蚂蚁，就如同白蚁要吃木头一样。它每天都过来打牙祭。白蚁兵团拿它没有任何办法。

食蚁兽今天很满意，收获不小。正当它走在丛林中时，突然被一个柔软的动物卷住。这是一条大蟒蛇，它长长的身体看起来十分柔

软，但是它一使起劲来一般动物都受不了。只见食蚁兽被缠得无法呼吸，一会儿就被蟒蛇吞进肚子里。吃进食蚁兽，蟒蛇的肚子被撑得圆圆的，行动不便，于是就盘在一棵大树下休息。

蟒蛇正在消化食蚁兽，听到边上有人类在喊："快来看，这里有一条大蟒蛇。"

立刻，围上来了好几个人，他们冲上前，有的人抬蟒蛇尾巴，有的人抓身子，有的人按住蟒蛇头。然后把蟒蛇装进一个大袋子里，拎回了城镇。

早晨的朝阳刚刚露脸，人们就已经完成早猎活动。有人跑过来报告神庙顶部的木桩被白蚁给破坏了。不过，他们抓到这么大一条蟒蛇，还是非常高兴的。

# 36 碳涂涂变成氮涂涂

正当外边的人类忙活的时候，涂涂突然觉得身体内部有一股能量在窜来窜去，她动弹不得。乐乐一看着急坏了，他没见过哪一个碳宝有这种情况发生，莫不是她体内的不稳定因素发作了？

涂涂拉着乐乐的手说道："乐乐，在我们氮家族的课程里，专门有一堂课叫做碳十四（$^{14}$C）衰变。我现在体内多了一个中子，能量非常不稳定。看起来我这个反应有点像课程里描述的衰变前奏。"

"那之后会怎么样？"

"之后……"涂涂迟疑了一会儿，"我会变回原来的氮涂涂。"

"我不想让你变成氮涂涂！"乐乐一听脱口而出，心里一阵慌乱。虽然他早就知道涂涂是当初氮涂涂变来的。可是这么多年来，他早已经把涂涂当成自己家族的一员。他们一起在美洲飘荡打拼了这么多年，一起见证了这里的变化，一起看到了这里的人类文明逐渐崛起，日子过得丰富多彩。他都几乎忘记了涂涂会重新变成氮涂涂的事了。然而，这一天终于在他不经意间来到了。

"如果我真的变成氮涂涂，我们还是好朋友吗？"涂涂有些担心。

在空中之城，氮宝和碳宝家族基本不相往来，彼此就没有交集。可是，无论是氮涂涂还是碳涂涂，这些年他们在一起的经历让人无法忘怀。不同种族的元素完全可以在一起和平地生活。

“不管你变成什么，我们肯定还是好朋友。”乐乐紧紧拉着涂涂的手，毫不迟疑地应道。

涂涂脸上露出会心的笑容。

突然，涂涂的身体里发出一声巨响，她难受地闭上了眼睛。只见从她身体里又冒出了一个电子小精灵，加上她身体最外边原来有四个电子小精灵，这样就有五个电子小精灵围绕着她了。就在这一瞬间，又从涂涂身体里发射出来一个粒子——反中微子。

“哇——原来我们的内部这么复杂！这些东西都是我们肚子里面的？”乐乐几乎不敢相信自己的眼睛。这次他对元素的身体结构有了全新的认识。

涂涂体内一个中子发生衰变，放出来一个电子小精灵和一个反中微子，这样当碳涂涂变成氮涂涂的时候，因为有些质量被反中微子给带走了，她的身体质量轻了一些。

乐乐把刚才发生的一切看得清清楚楚。被释放的那一些东西里面都包括什么呢？会不会刚好是过去在一起生活的记忆呢？乐乐不觉有些担心起来。

这时，氮涂涂睁开了眼。她已经从碳涂涂重新变回氮涂涂了。对氮宝这个既熟悉又陌生的身份，她一时还有点不适应。

乐乐有点紧张，看着氮涂涂一脸茫然的样子，他真怕她忘记了过去的友谊。

乐乐把手在氮涂涂眼前晃了一晃，氮涂涂这才反应过来。

氮涂涂的眼神变得柔和起来。她刚才身体内发生了巨大变化，意识一时好像飘走了。此时，过去的记忆一帧一帧地在脑海中回现。

“乐乐！”氮涂涂慢慢地、一字一顿地说。

乐乐一听，可高兴坏了：“对！对！对！你没有忘记我！没有忘记我们在一起的日子！”

氮涂涂没有忘记他。只要有记忆在，友谊就在！

虽然碳涂涂又变成了氮涂涂，可是在乐乐看来，他并没有觉得彼此之间的沟通有多大障碍。本来大家就都属于元素系列。要说不同嘛，在乐乐看来，无外乎她的性格气质会有所改变。

具体来说，碳宝和氮宝的脾气差距甚远，这其中很大原因是氮宝最外围多了一个小精灵。对于氮和碳来说，最外围有八个小精灵是最稳定的状态。那怎么才能变成八个呢？第一种方式就是直接抢其他元素的，第二种方式就是和其他元素共用一些小精灵。

“我们是不是要分离了？”乐乐问道。

“你想分离吗？” 氮涂涂反问道。

乐乐摇摇头。

“那我们一起想办法，肯定有最佳的解决方案。”乐乐接着说。

乐乐看到身边有很多水分子，他耐心地说服了两个水分子和另外一个碳宝参与。于是，乐乐张开手拉着另外一个碳宝，形成一个碳骨架C—C。然后乐乐又拉住氮涂涂，形成C—C—N。氢和氧宠物各自找位置站好。最后还有一个空位置，刚好来了一个其他的元素加入到这个小组里。

“我们这个小组叫什么名字啊？”氮涂涂问道。

不知道为什么，在乐乐脑海中出现了一个名字“氨基酸”。

“氨基酸”这个名字得到大家的一致认可，觉得叫法很气派。

边上其他的碳宝和氮宝及水分子一看，这种结构非常结实，于是没一会儿就合成了很多氨基酸，大概有二十几种。

不知不觉间，这些单个氨基酸分子慢慢聚拢成更大的一个组织。乐乐自然就成了这个集团的领袖。并且这些蛋白质中间还混进来不少体重更重的元素，包括铁、锰、碘、锌等。这个集团被命名为“蛋白质”。

正在乐乐他们组成蛋白质的时候，这条大蟒蛇被带回了城镇。大家很少见到这么大的蟒蛇，他们把这条蟒蛇供养了起来，当作镇城之宝。

37

# 环球旅行

随着时间的推移，聪聪和爸爸妈妈所在的地区气候开始变化，农民们离开了原先的土地，迁徙到更加宜居的地方，开垦出更多的土地。

这期间，有商人从遥远的东方带回来叫做火药的东西。大家开始向更遥远的地方探索。这一天，聪聪听人们说，这次他们要计划驾船去环球旅行。

这可是一个好消息，没准通过这次旅行可以探听到其他碳宝们的下落，冲这就值得跟着人类去远方。

这些人准备了好几艘大船，船上种了好多棵植物。爸爸他们一看，赶紧跑过去，很快就通过光合作用留在了植物身体里。随着大船一路乘风破浪，碳宝们即将完成一次伟大的环球航海之旅。

一路上，聪聪他们能感觉到气温在不停地变化。在赤道时，天气非常炎热。可是随着船越往两极航行，气温越来越低。在不同的地方，海水有的往上涌，有的向下沉。风速变化也很大。于是在温度、风速、海水沉降等多重因素情况下，空气中的碳宝和海水中的碳宝不停地交换。在有些地方，空气中的碳宝更多地往海水里跑，这个地方叫做“碳汇区”。而在另一些地方，海水里的碳宝更多地往空气中跑，使得空气中的碳宝变多，这个地方就叫“碳源区”。

在航行中，碳宝们发现，赤道地区一年四季碳宝们都更多地往大气中跑，这里也就是大气中碳宝的源区。这里的海水温度高，海水上涌，把深部富含碳宝的海水翻起来，这样海水表面的碳宝就多起来，从而更容易跑到空气里。

在南北半球40度到60度的纬度区间，碳宝们更容易从空气中进入海洋。在这个地区，温度比赤道低，碳宝们就更容易进入海水。同时，这些地区风力十足，海水翻滚，大气和海洋更容易交换气态的碳宝。此外，这些地区的生物活动繁盛，碳宝们通过光合作用，被海洋浮游植物吸收，也加快了碳宝们进入海洋的过程。

从全球角度看，碳宝们可真是忙碌，在生物圈、大气圈和水圈中不断循环。

碳宝们还发现一个有趣的现象，全球的海水并不是一动不动的，经常有一股水形成条带状，像河流一样向前流动。从两极出发的水，当然比较寒冷，叫做寒流。当慢慢流向赤道时，水温升高，慢慢形成赤道暖流。

在海底，海水温度低，容易溶解更多的碳宝。此外，沉下去的各种有机质如果保存不好，就会降解，其中含有的碳宝重新被氧宠物变成二氧化碳，这样深部海水就含有更多的碳宝。在海水上涌的地区，二氧化碳含量高，有机质含量也高，为浮游生物提供了丰富的营养，这里就会变成浮游生物的家园。

地球上有这样的地方吗?

# 38

# 厄尔尼诺（圣婴，El Niño）

当然有，而且就在乐乐生活地方的西边海域。这个秘密连乐乐自己也不知道。此时，他和氮涂涂还在大蟒蛇的身体里变成蛋白质。

这里的海域就有一股从南向北的寒流（秘鲁寒流）。由于地球自转的作用，这个地区刮的是东南风。东南风把海洋表面的热水吹走，于是底部的冷水涌了上来，同时也带来了丰富的有机物质。这下，这里的小动物和小植物们都不缺营养了。这片海域生物种类丰富数量繁多，非常热闹，简直就是生物的殿堂。

这天，聪聪他们的船队来到这个地区。这时正好是南半球的夏天。在正常情况下，这里吹的是西南信风。可是今年的气候一反常态，北半球的风力系统往南移动了好多，一股西北季风吹了过来。

西北季风吹来的可是暖气，而且方向与这里原有的东南风方向刚好相反。这一下可惹出大麻烦了，方向相反的两股风就像两头打架的牛一样，头顶头，结果是两方力量相互抵消。

这下可好，这个地区的风力一减弱，本来经过这里的是从南向北的寒流，就被从北向南的暖流取代了。深部的冷水上不来，没法将海底的有机质带到海面，于是海面上的生物因为营养不足也减少了，食物链就断了，以往热闹的生物群落变得冷冷清清，大批的生物被饿死。

这种现象被叫做“厄尔尼诺”现象，也就是“圣婴（El Niño）”现象。

而这一区域陆地上的气候却刚好相反。乐乐所在的地区不时大雨滂沱，经常暴发洪水。

这一变化，不只影响这一地区，全球其他地区都受到牵连。

然而，全球的降水量可不是无限量供应的。大洋东边降水多，那么西边的降水就会减少，气候变得干旱，就会影响农作物生长，粮食歉收。

这次的厄尔尼诺影响尤其严重。很快这一地区就大雨倾盆，山洪暴发。洪水和泥石流从附近的山上冲下来，把城市和村庄都给冲毁了。

那条大蟒蛇本来在一个比较深的地洞里供养着，可是大水过来漫过地洞，它顺势就从地洞里游出来。就在这个时候，它的身子被水里一块锋利的石块剐到，身上的一小块肉被剐了下来，掉落在水里。

这块肉顺着河水往西边流向大海。若是在平时，它很快就会成为其他动物口中的美食。可是这次，很多动物都饿死了，这块蟒蛇肉居然一直安全地漂流到了大海里。

乐乐和氮涂涂组成的蛋白质就在这块肉里。很快，乐乐和氮涂涂被海洋里的动物重新分解。不过，这次氮涂涂和乐乐被合成形成了尿素（$CO(NH_2)_2$）。这次是乐乐在中间，氮涂涂和另外一个氮宝在乐乐两边，手拉手连成一个骨架。每个氮宝有两个氢宝陪着，乐乐肩头还跟着一个氧宠物。

对生物来说，尿素是一种废弃物，最终要被排出生物体外。但是对海洋浮游植物来说，动物们身体里排出的这些尿素可是上好的营养。

只有海洋植物生长起来，靠吃海洋植物的各种海洋动物才有可能生长，食肉的海洋动物也才有了食物来源。这又是一个长长的食物链条。

果不其然，作为养分，乐乐他们形成的尿素被海洋浮游植物利用，然后循环到一条海鱼身体里。

# 39 天下大旱

当乐乐所在的地区大雨倾盆的时候，淘淘他们那里可是另外一幅景象。大洋西面的水汽严重不足，降水减少，造成大面积的干旱，土地都干裂了。

人们一再举行各种仪式来祈求降雨，可是今年无论怎么向老天呼喊求助，就是没有一滴雨。农民无奈地看着如火的骄阳，唇干口焦，愁眉不展。

不久，庄稼都晒死了。在这样的气候下，只有那些$C_4$植物才能生长几棵，早就被人们拔来吃了。不过，这些草里大都是纤维素，人吃了也无法消化。

植物利用碳宝进行光合作用，是吸收大气中碳宝的一条非常重要的途径。植物减少，陆地上利用碳宝的能力就减少，空气中的碳宝们就增多起来，造成气温的进一步升高。

没有了粮食，政府也没有救济灾民，饿死的人越来越多。最后，人们无法忍受，开始暴动了。这下子全国很多地方的人都响应，整个社会陷入了动荡之中。

40

# 一顿美餐

在大风浪中漂了几天，聪聪他们所在的环球探险船向东边驶去。远方隐约可见黑色，他们终于接近陆地了。

这时，水手们拿着鱼竿在海里钓鱼。突然，他们钓上来一条蓝色的大鱼。船长非常开心，命令厨师中午做一顿鱼吃。

热腾腾的鱼端了上来，最近这些日子海里的鱼非常少，能抓到这样一条鱼，当然值得庆祝。船长又命令厨师把船上植物结的红色果实摘几颗下来，搭配在一起食用。海鱼搭配红色浆果，真是绝配。

在黑暗中，聪聪、爸爸和妈妈感觉到身边的碳宝队伍正在逐渐分解，这是食物开始被消化。对于这种情况，碳宝们都非常熟悉了。人类的消化系统并不特殊，甚至有些动物的消化系统差远了。

突然，爸爸看到前面走来一个熟悉的身影。仔细一看，这不就是千辛万苦寻找的乐乐吗？！

乐乐看到了爸爸他们，也激动地跑过来。氮涂涂有些拘谨，毕竟这时她变成了氮宝，一时间不知道和碳爸爸他们说什么好。

妈妈激动地抱着乐乐不放。这些年来，她一直想回到美洲来找乐

乐，可是天公就是不作美，没有那么大的风把他们吹向高空，无法顺着原来的西风带吹到美洲。要不是这次随着探险船一起出来，还不知道什么时候才能和乐乐相遇。

看到妈妈心情平静了一些，乐乐回头想把氮涂涂再介绍给大家。可是当他回头一看时，大事不好，氮涂涂被合成了另外一种氨基酸。乐乐连忙奔过去，想把氮涂涂拉回来，可是已经来不及了。氨基酸是人体最需要的成分，一下子就被编入了蛋白质大军。

“不用拉我了，乐乐，我现在已经是氮宝了。要不是变成碳宝，和你们经历一阵子碳循环，我自己也有自己的任务和循环路径。我会记得我们这些年在一起的友谊。”氮涂涂眼睛湿润了，她也是万分的不舍。

乐乐难过地松开了手，看着氮涂涂消失在黑暗中。

聪聪赶过来，好奇地问乐乐：“刚才那个氮宝是谁？”

“碳涂涂！”乐乐小声地应道。他没想到这么快就和好朋友分开，还缓不过劲来。

“碳涂涂又变成氮涂涂？！”要不是亲眼所见，聪聪还真是不敢想。

乐乐内心非常难过，这么长时间的伙伴，在一起经历了那么多，怎么就在这一小会儿工夫，说分开就分开了呢。

和氮涂涂算是十字路口的朋友，还是在内心存活一辈子的朋友呢？从今往后，氮涂涂的生活和他还有哪些交集？以后到哪里去寻找她？即使再次遇见，还能不能认出彼此？这些问题一个接一个，在乐乐脑子里出现。不过他可以肯定，这些年来的友谊肯定也会扎根在氮涂涂的心里。

碳宝随船远航

41

# 可疑踪迹

久别重逢，大家有说不完的话，尤其是聪聪和乐乐聚在一起，分享各自的经历，更加丰富了彼此的知识。

经过这次环球探险，聪聪基本上搞清楚了这个世界的分布。在地球东、西两部分，各有两块横贯南北的大陆。乐乐所在这块叫美洲。聪聪听船长说，她们出发的那块叫欧洲，往南叫非洲。

根据地球上海洋和陆地的分布，聪聪和乐乐得出了一些重要线索。当初他们从天而降的地方大体在亚洲东部的海洋，如果淘淘他们不御风而行，在全世界跑，那么下一步寻找他们的主攻方向应该就在地球北部的亚洲地区。

这个分析太重要了。可是，从这里如何才能去亚洲呢？光靠他们自己飘肯定是过不去的。不过他们可以借助全球的动力系统。在这个海域，洋流向北流动，到了赤道附近，水流就左拐向西流。按照这个流向，肯定能到亚洲。

正当他们说话的时候，突然进入了一个细长的通道。这个管道的表面长着很多绒毛，加大了和食物的接触面积。在进入这个管道不

久，他们在管道壁上又遇到了两个大的入口，从里面流出来很多消化液，和食物搅拌在一起。此外，在管道里也有很多消化酶和各种细菌，帮助消化食物。所谓消化就是把大块的食物植物分解，直到最后变成氨基酸和葡萄糖。也有一些不能被消化的东西，包括纤维素，各种杂物，比如小小的沙粒、小骨头渣等。

突然，聪聪发现了一些可疑的踪迹：这些小城堡怎么看着这么眼熟？她仔细辨认了一下，猛地想起来。这些不就是当初入侵人体的病毒吗？！她依然清晰记得，当初那一场大战真是惊天地泣鬼神。她无论如何也不会忘记这些病毒的样子。哪怕他们鬼鬼祟祟在远处一闪而过，聪聪还是能把他们认出来。

可是，这就奇怪了。聪聪在这个船上已经有些日子了，为什么这些病毒在船长身体里，而船长并没有任何反应呢？那些白细胞大军哪里去了呢？

比较靠谱的解释就是，这些病毒是一些漏网者，通过某些技巧把自己伪装起来，待在身体里伺机而动，白细胞大军根本无法发现他们。不过，在船长身体里，已经建立了专门抓捕这些病毒的机构，只要这些病毒大规模作乱，就会被立刻镇压，小股流窜的病毒分队对人体根本就构不成威胁。

聪聪看到这些病毒一下子不见了踪影，心里就没多想。

顺着这个管道，碳宝们被氧化成了气体，最终被排出了船长的体外。

船长在休息了一天之后，等风浪变小，就命令船靠岸，然后带着几十个手下拿着武器登陆了。

当地人没有见过这些从欧洲来的人，热情地招待了他们。没想到这些欧洲人扣留了当地人的首领，开启了欧洲和美洲之间不寻常的交流。而且船长带来的一些病毒在美洲发现了乐土。

# 42 沃克环流

厄尔尼诺的反常天气慢慢消退。秘鲁寒流逐渐加强，随之而来的是，这里的空气也慢慢变冷。渐渐地，天上的空气开始下沉。与此同时，太平洋西部的空气开始变热，形成上升气流。于是沿着地球赤道，形成了一个巨大的气体环流，叫做沃克环流。

乐乐他们确定了风向，一起飞出海水，随着空气气流向太平洋西部飘去。大家很久没这样快乐地在一起巡视地球了。

正如之前发现的，赤道地区天气热，海里的碳宝大部分愿意往空气里跑，这里是全球碳宝的碳源。

越来越多的碳宝们加入到队伍中，一支庞大的队伍浩浩荡荡地向西而去。

有这么多的伙伴同行，聪聪和乐乐非常高兴。每个碳宝或多或少分享了自己的经历。有的碳宝在海底的生物里生活了好几年，有的碳宝和氢宝一起形成甲烷（$CH_4$），在大海深处，甲烷被水分子们包着，形成固体，像冰一样，被称作可燃冰……那么多丰富的、不同的循环经历，真是让大家大开眼界啊！

碳宝们了解了，地球上生命的流动，是以碳循环为基础的。碳宝们亲身感受到自己的重要性。

同时，碳宝们也发现全球的气候变化和碳宝的经历息息相关。只要碳宝们的含量稍有变化，全球气候就会掀起轩然大波。然后，自然调节器就会把碳宝们调节到正常状态，因此碳宝们在地球演化中扮演着重要的角色。

聪聪惊奇地发现，赤道地区温度最高，生物种类繁多，而且个头长得也大。如果不是他们现在着急去太平洋西边找淘淘他们，不然真想循环到这些生物里，在这样的环境中体验一番。

这一天，乐乐看到远处隐约出现了陆地。这时，碳宝们感觉到这个地区的水分子真多，空气湍流到处都是，没多久就形成了暴雨云团。

在这里，碳宝们又遇到了东亚西南季风，他们随着季风向西北方向的大陆飞去。

# 43 遭遇火灾

淘淘、熙熙和米粒自从变成墨被写入字帖之后，这幅字帖被众人景仰，而且后来还有不少书法家临摹了这幅作品。再到后来，这幅字帖被皇帝收藏了。

字帖大部分时间被保管在皇宫里。淘淘、熙熙和米粒他们每天在一起有说有笑，生活平淡而幸福。不过时间一长，淘淘开始觉得生活过于平淡，当初化成字一部分的激动已经褪去。日子不能总是这么重复下去，外边还有很多事情可以做，而且目前还没有其他碳宝们的消息。

淘淘想离开字帖。可是，怎么才能离开呢？他目前也没有好的想法。

米粒说："淘淘，我们之前不是经常通过氧宠物来把我们变成气态形式吗，这次我们也可以如法炮制呀。"

淘淘对米粒的建议不屑一顾。这么简单的道理他不是没想过。可是自从他们变成单质碳的形态后，发现性质非常稳定。常温时氧宠物根本就无法和碳宝们有力地拉在一起，形成二氧化碳。

"那我们可不可以趁着下次被别人欣赏的时候，从字帖上跳下

去？”米粒接着提议。

这个办法听起来稍微靠谱些，不过仔细一想，问题还是不少。如果不能变成二氧化碳形式，哪怕是逃离了字帖，还是固体形态，没办法自由活动。弄不好，大家又被风吹散了，好不容易聚集在一起，不能再分开了。

“要不，让羊吃了我们？！这样在羊肚子里，我们就可以被转化成二氧化碳了。”

“这是个好主意！”熙熙附和道。不过，熙熙内心有点不愿意离开这幅字帖。因为这幅字帖每次看起来都有不一样的心得，有一种说不出的美感。这个美和金刚石不同，那是一种外在的霸气美，而字帖展示的是一种含蓄的美。每个人从中能看到不同的韵味。

这个主意理论上完全行得通。不过，目前这个字帖被重点看管着，别说一只羊，就是一个蚊子都飞不进来。

今年的气温确实奇怪，高温干旱。字帖上含有的一点水分也都被蒸发了。这天晚上，大家正在休息的时候，听到外面人声嘈杂。

“起义军打进城里了！大家快跑！”远处有个声音在喊。

这时候门外传来急匆匆的脚步声。突然，门开了，进来了一个人。他抱起装字帖的盒子就往外跑。不料，他脚底下一滑，盒子掉在地上，字帖滚了出来，散开了。这时候外面的宫殿已经起火。

那人手忙脚乱地要把字帖装回去，一不小心把字帖的右上角给刮掉了。刚好带有熙熙她们三个字的那一块掉在地上。看守来不及收拾，赶紧往外跑。大火不久就把宫殿给包围了。

掉在地上的那一小片字帖在火中慢慢燃烧起来。

熙熙的心情真是复杂，看到自己组成的字在大火中消失好心痛，不过又为自己即将重获自由感到开心。

自己每次辛苦努力得到的美的东西，都逃不过一场大火。

这两次三番的打击让熙熙的心里有了一些困惑。变成金刚石，为什么会引起部落的解体？变成漂亮的字帖，为什么不能永久地保存？

“世界上还有恒久的、与世无争的美吗？”在字帖快要烧完的一刻，熙熙对淘淘问道。

淘淘一怔，这个问题他从来没想过。淘淘最关心的是世界上具体的东西，比如他就想知道人类在吃鸡腿的时候，到底是什么感觉？为什么每种动物和植物的结构好像都不一样？至于美不美，从来不是淘淘考虑的重点。

米粒也听到了这个问题，现在她也成熟了不少。只要和大家在一起，走到哪里都可以。不过关于美的事情，她好像也开始有些关注了。

在烈焰中，他们三个碳宝拉住了氧宠物的手，飞了起来，随着浓烟上升到了高空。放眼望去，他们都惊呆了。记忆中那个郁郁葱葱的世界不见了，到处是荒芜的土地，干枯的荒草，一副破败的景象。

地球的气候到底发生了什么改变？怎么人类好像无能为力？自然灾害来的时候，就知道自己内部斗来斗去，为什么不去努力改变呢？

# 44 再次重逢

爸爸他们飞到大陆南方的时候，这里还是成片的绿色，但是随着东南季风往北移动，地下的景色慢慢变黄。忽然，这股东南来的暖气流遇到了从北边来的一股冷空气，暖气流的水汽开始凝结，变成雨水降落下来。

淘淘他们就在这股南下的冷空气里，他们突然感到风速降下来。前面电闪雷鸣，下起了大雨。

这可真是及时雨啊，地上的农民们已经期盼很久了。只见他们在雨中欢呼雀跃，有的人还跪在湿漉漉的地上。雨水流过他们干裂的双唇和粗糙的双手，幸福的眼泪从他们眼睛里流了出来。

突然，淘淘有一种熟悉的感觉，他赶紧带着熙熙和米粒往前飘。爸爸他们也感应到了。

碳宝们有一种天然的能力，就是能在相对远的地方感知对方。他们身上有一个感应器，只要在感知的距离内，这边的触发器向上，远处的接收器瞬间就朝下，好像永远纠缠在一起一样。这也是碳宝们敢于在全球循环，而不怕永久丢失的原因。

终于，大家看到了对方。他们激动地相互往前冲，紧紧地抱在了一起。一家人终于在这片土地的北方重逢了。

在大家都兴奋地互相拥抱、互诉思念之苦的时候，妈妈最为敏感，她一下子就反应过来，海伦怎么不在一起？现在一家人就差海伦了。

爸爸发觉了妈妈的神色，他最了解妈妈，知道此时此刻她在想什么。

“不用担心，家庭成员这不是一个个慢慢找回来了吗？地球上还没有哪种自然力量能够破坏我们碳原子的结构。”爸爸安慰道。

可是，当妈妈的怎么可能不担心自己失散的孩子呢？妈妈平复了一下自己慌乱的心情，小声地应道：“我不是担心海伦遭遇什么危险，而是怕她此刻被封闭在不知名的环境里，永远出不来了。不然为什么其他孩子都出现了，她还没出现？她到底在哪里呢？”

熙熙告诉大家海伦最后的一点线索——在地球深部的时候，海伦被循环到了更深的地方。

果真如妈妈所担心的，地球更深部，到达那里的碳宝们很少，海伦能找到新的朋友吗？万一她循环不上来，那可怎么办？

# 45 古老的碳宝

无论怎么样，大多数家庭成员聚齐了，经历了这么多年的坎坎坷坷，每个人都在自己的履历中增添了新的一笔。

大家决定暂时先在这块土地上扎根，尽量不去海洋了。海洋环境太过复杂，循环到水里之后，不知道什么样的命运在等待他们。散开后，不知道还要经过多少年才能再相聚。而在陆地上不同，这里的植物生命周期短，即使暂时被困在某种植物中，用不了多长时间就会被解放出来。这样的时间尺度对于碳宝们来说就如同小朋友过了一天的感觉。

时间变化真快，在这块土地上人们的装束慢慢变了，脑门上不留头发，后面则拖着一根长长的辫子（此时为清朝年间）。

碳宝们慢慢觉察到空气中新增加了很多碳宝。这些碳宝们明显碳十二（$^{12}C$）多，几乎不含有碳十三（$^{13}C$），而且这些碳宝们的口音也不同。根据这些特征和这些日子所学的知识，乐乐一下子就判断出来这些碳宝不可能来自空中之城，肯定是植物光合作用的结果。植物吸收碳宝们的时候，尽量选$^{12}C$，而不是$^{13}C$。到底是不是这样呢？

淘淘的看家本事就是和别人打交道，这个问题难不住他，直接去问问不就解决了。

淘淘拉住一个碳宝，问道：“请问，你们这是从哪里来的？”

“我们是从欧洲来的。”

爸爸、妈妈和聪聪一听说他们是从欧洲来的，想起来过去生活过的地方，可是在那个地方根本就没有见过具有这种特征的碳宝。

“那你们是怎么来的呀？”

“当然是随着西风来的。”

“那为什么之前我们没遇到过你们呢？”聪聪问道。

“我们最近才被释放出来。”

“最近？那之前你们在哪里？”聪聪接着问。

“在地下。”

“在地下？难道你们也去过下地壳？”熙熙问了一句。

“下地壳？我们可没去过那里。”

“那你们什么时候被埋到地下的？”淘淘问道。

“这个可说来话长了，那是大约三亿年前的石炭纪。”

“三亿年前？”淘淘不敢相信自己的耳朵。万年尺度已经经历过了。可是让他相信几亿年前的事，他还不太确信。

“没错，就是三亿年前。那个时代还没有现代这种类型的植物。到现在我还不知道地球上这些植物叫什么名字。”

“那之前地球上都长什么植物呢？”聪聪问道。

“那个时代裸子植物非常多，其中有一种叫做科达树，树木高大繁盛。我们碳宝最喜欢做它的树干，感觉就很帅气。那时候还有很多的大昆虫，他们现在都去了哪里？”

这个碳宝说的世界太过奇幻，地球之前的世界和现在完全不一样。

“那后来你们怎么到了地下的？”乐乐问道。

“我们在变成科达树的树干后，在一次快速埋藏事件中被埋到地下。氧宠物很少能到达那里。随着埋藏深度逐渐加深，我们感觉到越来越高的压力和温度，然后树干的结构慢慢变化，最后我们就形成了煤。”

地下的高温高压，熙熙可是经历过。“据我所知，高温高压下，我们碳宝还会形成金刚石。”熙熙根据自己的经历自信地说道。

“金刚石是什么？我们没经历过。”

“可能你们经历的高温高压程度不一样吧。”聪聪猜想道。

“可能吧。总之，我们埋藏得没那么深，变成了煤。”

“那你们怎么又被挖出来了？”乐乐问道。

“我们也很奇怪啊。在地下我们经历了三亿多年，循环被中止了。我们碳宝睡了三亿年，不然时间太难打发了。幸亏人类把我们挖出来，我们才能获得自由。”

“我们一被挖出来，就被送入一个叫做蒸汽机的机器里。在那里燃烧发热，把锅炉里的水烧开，水变成蒸汽就可以推动机械装置运动了。这样可以节省人类很多体力。”

“我们这里还没见到过这样的东西，不然我也想体验一下这是一种什么感觉。”乐乐说道。

“那这个时候欧洲肯定很活跃喽？”聪聪充满了好奇。

“确实活跃，可是空气中的碳宝越来越多，还有很多没被燃烧的碳宝，以灰尘的方式被释放出来，大气中到处是小颗粒灰尘，好像那里的很多人都生病了，不停地咳嗽。”

“那还是别烧那么多煤了。”乐乐说道。“我们碳宝循环的目的是为了大自然更美好，搞乱自然界可不是我们的初衷。”

## 46 小岛生活

近期空气中碳宝增多的现象，海伦也感觉到了。

在这个小岛上，海伦刚开始的时候找到了一种安宁感。整个小岛四季如春，动物和植物都非常丰富。在小岛四周的浅海里，彩色的珊瑚缓慢生长。在美丽的珊瑚枝杈中，小丑鱼游来游去。

海伦在这些物种中循环往来，有时待在植物身体中，有时跑到动物体内。

当初海伦刚到这里的时候，人类并不多。他们会砍伐一些大树，做成独木舟，到大海里捕鱼。加上岛上有丰富的果实和植物根茎，人们生活得如天堂一般。

可是这个小岛地处大洋中部，离大陆太远，除了附近的海风，没有大型风系能把远处陆地的粉尘吹过来，因此，这里土壤中的有机养分就不够。本来植物自己能够重新变成有机物，如地上的落叶枯枝，发酵后变成有机养分，让土壤变得肥沃。可是，人类不停地砍伐大树，这些大树都是经过很长时间才长大的，砍掉一棵，很长时间内都无法补偿回来。

也正是由于没有风，海伦不能御风远行。偶尔循环到捕鱼的独木舟上，也漂不远。所以，海伦被“困”在这个小岛上了。与其说困，不如说海伦喜欢这个地方。要是真想离开这个小岛，办法还是有的。比如，有一次不远处的海面游来一群鲸鱼，这些鲸鱼在全球游来游去。如果海伦想办法循环到他们身上去，离开这个岛根本不是什么难题。可是，她很犹豫，目前没有任何其他碳宝们的消息，跟着鲸鱼四处乱跑，能够找到其他碳宝们的几率也很小。记得爸爸妈妈说过，如果大家在外面走散了，就在走散的路径上等，爸爸妈妈肯定会根据情况，按图索骥。如果都相互乱找，很可能会互相错过，找不到对方。

虽然海伦对地球深部的循环非常满意，大大地开拓了自己的视野，这辈子从来没见过那么多的铁元素。不过想想还是有些后怕，万一被封存在地核中，可就麻烦了。

与其胡思乱想，还不如对目前的这个人类小社会进行仔细研究。等和大家见面的时候，她就有更多的故事与其他碳宝们分享了。她坚信，总有一天，她会和其他碳宝们见面的。

随着时间慢慢推移，海伦发现有些事情开始不对劲。人类每一代的生活时间很短，也就是几十年，一些缓慢发生的事情，每一代人都不能完全察觉。

可是，海伦就不一样，慢慢地她发现这个岛上的大树越来越少。没有了大树，这个岛上最重要的生活方式也在悄然改变。最初，他们造的船又大又好，可以到很远的地方捕鱼。现在只能用一些中等粗细的树木造船，只能在浅海捕鱼。可食用的植物果实和根茎数量也在变少，可是人类数目还在增多。

除了造船，人类还用树木建造房屋。岛上最后的一棵大树，终于在轰隆声中倒下，这棵大树成了一座神庙的大梁。捕鱼变成了遥远的过去行为。除了碳宝们，岛上的人类早已忘记了最初的生活方式。食物严重不足，岛上的人类数目开始减少，不同的种族之间开始械斗，场面不忍直视。

海伦不想循环到这种冲突之中，于是她就循环到浅海的珊瑚中。这里没有了人类的干扰，是另外一片祥和的地方。

# 47 海洋酸化与全球变暖

可是，慢慢地，海伦也发现了海洋中碳宝们逐渐增多。最直接的原因就是大气中的碳宝们增多了。如果空气中碳宝们增加，那么就会有碳宝往海洋里跑，其结果就是向海洋跑的碳宝们也增多了。

碳宝们进入海洋，和水一结合，碳宝们替氢宝们多背了一个氧宠物，很多氢宝就自由了，变成氢离子（$H^+$），在海洋里四处乱跑。当海水里氢离子增加，海洋就变“酸”了。

也就是说，空气中碳宝们增加，直接的后果就是海洋变得越来越“酸”了。当然这种酸没有我们喝的酸奶或者米醋那么明显。我们要是喝一口“酸”的海水，最直接的感觉还是咸，而不是“酸”。所以，海水的“酸”，只有微弱的氢离子变化。

可是，海洋里生物对此的反应可就明显了。最为敏感的就属浅海的珊瑚了。他们用碳酸钙（$CaCO_3$）来建造身体的骨骼，他们死后，身体堆积起来形成珊瑚礁。当海水变酸的时候，独立氢宝增多。这些独立氢宝一看到碳宝们($CO_3^{2-}$)帮助多驮着一个氧宠物，心里非常过意不去。当他们玩得差不多的时候，就会回来帮助碳宝们，来履行自己的

义务，于是就形成碳酸氢根（$HCO_3^-$）。其结果就是原来是固体的碳酸钙，这下被溶解了。

对于碳宝们来说，这可是好事情，可以自由地在水中游动了。可是对于珊瑚虫来说可糟糕了。珊瑚虫的身体本来能形成硬硬的壳来保护自己。现在，不仅身体的壳不容易形成了，原来形成的外壳也被溶解了。于是，大片大片的珊瑚虫无法再存活。

这可是一个链式反应。小丑鱼和石斑鱼就靠这些珊瑚环境生存，没有了珊瑚的保护，这些鱼的生存也遭受了打击，很快就被大型鲨鱼给赶尽杀绝了。

这些还只是对较大型生物的影响。对于那些小型浮游生物，难道没有影响吗?

答案当然是否定的。

要知道，生物体内的各种过程最后都归结为物理化学过程，实际就是各种元素之间的分分合合。当海水变“酸”后，这会强烈地影响生物体内的化学平衡，于是这些小型浮游生物身体就生病了。这些浮游生物往往又是一些大型生物的食物，食物没有了，这些大型生物也直接遭殃了。

海伦眼看着这个变化在缓慢发生。她很想知道为什么碳宝的含量发生了这么重大的改变。

当海伦也被氢宝从珊瑚骨骼里救出来后，变成了碳酸氢根（$HCO_3^-$），然后又来了一个氢宝，形成了碳酸（$H_2CO_3$）。这下两个氢宝完全可以拉动一个氧宠物，变成水分子（$H_2O$）分开了。海伦则又变成了气体形式二氧化碳，随着一阵浪潮翻滚，海伦从海里进入到空气中。

不需要特别的调查，直接和新增加的碳宝们一交谈，海伦立刻就知道发生了什么。原来，突然之间多出来的碳宝，大部分是三亿年前被埋藏的前辈，因为煤的燃烧他们重获自由。

碳宝们在空气中突然增多，不光让海洋变“酸”，还有一个更直接的影响就是全球气温在慢慢上升。这又是一个链式反应。

气温升高，南北两极的冰盖、雪山长年的积雪开始部分融化。这些水注入到海洋里，海平面就慢慢变高。原来一些地势低的海岸，现在变成了浅海。原来可以住人的低洼地区，现在则不能住人了。这样，小岛的面积也开始减少。

气温升高后，厄尔尼诺现象也逐渐增多，暴雨、暴雪、飓风和高温等反常的、极端的恶劣天气现象也不断增多。在厄尔尼诺期间，这个小岛开始多次受到飓风袭击。

这一系列的变化，海伦都清清楚楚地感受到了。

# 48 变身甲烷

碳宝和氢宝们各自有喜欢的稳定状态，那就是二氧化碳（$CO_2$）和水（$H_2O$）。碳宝和氢宝们也经常合作，变成碳酸氢根（$HCO_3^-$）。这些海伦非常清楚，可是，她从来没想过他们会直接合作。

这次海伦循环到一株植物后，这些植物没过多久就被上涨的海水给淹没了。海水退下去后，淤泥把这些植物给掩埋了，形成了一大片湿地。

海伦此时是一种有机形式，也就是葡萄糖模式（$CH_2O$）。正常情况下，葡萄糖和氧宠物发生反应，再变成气体的碳宝和液体的水，同时放出能量。可是当海伦所在的植物被淤泥掩埋后，氧宠物就被隔离了。这个时候，淤泥里生活着一类不喜欢氧的细菌，叫做厌氧细菌。这些细菌把碳宝（$CO_2$）和不带氧宠物的氢宝($H_2$)结合在一起。因为这些细菌不喜欢氧宠物，就利用他们的职权把氧宠物赶走。因为氢宝个子小，两个氢宝才能匹配一个氧宠物，这也是水分子（$H_2O$）结构形成的机制。因此，如果要把两个独立氧宠物驱赶走，就需要四个独立氢宝：

$$CO_2 + 2H_2 \longrightarrow CH_4 + O_2$$

一个碳和四个氢形成的新物质，叫做甲烷。这四个氢宝围绕在碳宝四周，形成正四面体结构。不过，碳宝们还是更喜欢二氧化碳（$CO_2$）的形式，两个氧宠物在身后形成一对翅膀，看着非常协调。

让海伦满意的地方，就是氢宝们虽然多，但是分量轻，以甲烷的形式，她还是能够飘到空气中。和二氧化碳的形式相比较，甲烷的结构里蕴含着大量的能量，这让海伦较为吃惊。这些厌氧细菌还真是厉害，他们存储能量的效率真是高。

不过，海伦有点担心，要是自己身体里的能量被突然释放出来，不知道会是什么效果。

海伦现在以甲烷的形式飘到了空气中。二氧化碳是一种温室气体，他们在空气中会把地球上热量保存起来，不让这些能量轻易地散发到宇宙中。于是，地球的气温就变高。没想到，甲烷气体也是一种温室气体，而且它防止地球散热的能力比二氧化碳高出几十倍，也就是一个甲烷分子可以抵得上几十个二氧化碳分子。

海伦从来没想到自己的保温能力会提升这么多。甲烷加上通过燃烧煤炭释放出来的大量碳宝，使地球的温度越来越高。

# 49 石油碳宝

空气中碳宝越来越多。尽管如此，过了一些年，海伦发现空气中又多了一种新来源的碳宝。

这个世界越来越奇妙了，变化也越来越快了。

现在碳宝们终于明白了，只要碳宝和氢宝直接联合在一起，身体里就蕴含着大量的能量。海伦相对简单，只有一个碳原子。更为普遍的情况是几个碳手拉手形成碳链。

这种新来的碳宝，显然不是之前的煤炭来源。那到底是什么呢?

答案是石油。

在亿万年前，生活着很多生物，碳就存储在他们身体里，之后埋藏在地下，随着温度和压力逐渐增加，他们就慢慢形成了石油。

人类发现燃烧石油和甲烷气体，可以把他们身体内的能量释放出来，驱动大型机器运转。石油是液体的，这可比煤炭好存储。

石油碳宝和甲烷碳宝的重量都很轻，所以会漂浮起来。对于液体的石油碳宝来说，他们必须要存储在有孔隙的岩石里，而且岩石的顶部还必须被更加不透油的致密岩石封存住，不然这些石油碳宝们就会溜走。

对于甲烷碳宝而言，他们更轻盈，即使在非常致密的页岩里面也能大量存储。人类把这种气体叫做页岩气。

石油碳宝给人类提供了新的能源，增添了惊人的力量。以石油为能源的各种大型机械应运而生。天上开始飞飞机，海里开始跑轮船，陆地上各种汽车和火车穿梭往来，应接不暇。短短的时间内，生活方式全变了。这样巨大的变化，让生活在世界各地的碳宝们都无法适应。

有了石油碳宝的加盟，天空中就更加热闹了。地球的温度也进一步升高。

这下子可打乱了地球原有的系统。地球在太阳系中运行，有的时候接受阳光多，地球温度就高。过了一阵子，接收的阳光少了，地球温度就又变低了。这种温度高高低低的变化可不是季节变化，而是千年到万年尺度上的变化，显然地球经历了很多次了。这一点碳宝们并不陌生。因为在他们刚启动探险之旅的时候，地球还是冷的，慢慢就变热了。

按照地球运转的规律，目前接收到的阳光要变少了，可是这些新增加的碳宝，保护了地球，让它不容易散热。就好像给地球穿了一层衣服似的，这样一来，按照原本的自然规律，地球本应该变冷，可是到现在还是很温暖。

当空气中的碳宝含量缓慢增加的时候，通过大气和海洋交换，多出来的碳宝可以被生物存储起来。当空气中的碳宝减少的时候，海水中的一些碳宝又会跑回大气。这样空气中的碳宝含量会慢慢调整回稳定的状态。

可是，突然之间增加了这么多新碳宝，大气和海洋的调节作用可忙不过来了，手忙脚乱的，还是不能把多出来的碳宝给调节好。这些空气中的碳宝，将来的命运会如何呢？

# 50

# 碳宝将来的命运

碳宝们将来的命运会如何？这可是一个大大的谜团。这不光是碳宝们自己的事情，更是关系到全球生物界的大事！

从更长远的时间来看，这些碳宝肯定会被地球慢慢吸收，比如通过化学风化过程。在地下，碳宝们已经接触过硅酸盐（$CaSiO_3$）。这些硅酸盐来到地球表面后，就会遭受风化过程。硅宝和碳宝的性质有类似的地方，所以碳宝会时常帮助硅宝，接管一下这些钙守卫。可是，没想到大部分硅宝结晶成了固体，变成了石英（$SiO_2$）。于是，慢慢地，硅酸钙就变成了碳酸钙（$CaCO_3$）：

$$CaSiO_3 + CO_2 \longrightarrow CaCO_3 + SiO_2$$

这个过程比较缓慢，但是很神奇。它会让空气中的碳宝慢慢减少，让地球的温度渐渐降下来。不过，这个时间跨度有点长，至少是百万年。

在这么漫长的时间里，这个风化过程也能让地球空气中的碳宝含量保持稳定。比如，我们首先让空气中的碳宝含量增加。这时候气温变高，更多的海水会被蒸发到大气中，陆地也接收到更多的雨水，植

物生长更加繁盛，化学风化的过程会加强，空气中的碳宝慢慢就被消耗了。

可是，当碳宝含量降低后，全球气温下降，化学风化过程减弱，碳宝们被消耗的速度也就减小。同时，地球还不停地喷发火山，从地下补充来了不少碳宝。这两个过程慢慢会达到平衡状态。也就是说，从这么长的时间跨度来看，空气中的碳宝含量是很稳定的。

可以肯定的是，目前突然增加这么多的碳宝，在将来长时间内能够通过这种风化过程慢慢吸收回地球内部。不过，远水解不了近渴，眼见着地球气温上升，全球极端气候影响日益显著，人类亟需在最近几十年内就要解决空气中碳宝含量升高的问题，可等不到百万年后。

大气中的碳宝增多，确实可以通过两个办法减少一些。第一，陆地上树木花草就可以把碳宝吸进来，建造自己的身体。这当然会使得一部分空气中的碳宝以植物吸收的方式储存起来。

第二个重要的办法当然是依靠海洋。只要大气中的碳宝增加，他们向海洋里跑的机会就增多。通过这种方式，有很大一部分碳宝就被海洋保存起来了。

可是，人类排放的碳宝实在是太多了。这些办法不可能立刻就把多出来的碳宝封存起来，因此空气中的碳宝含量一直持续上升，全球温度还在逐渐升高。

这样的后果非常惊人，地球两极的冰盖在高温下慢慢融化，全球海平面升高，把一些海拔低的地方给淹没了。有一些岛屿国家开始考虑移民到其他地方。同时，高温造成了全球气候的异常，厄尔尼诺现象发生的频率和强度增大，赤道附近的飓风增多，高温、干旱、洪涝和暴风雪灾害在地球的不同地区发生。这些都给人类造成了很大的危害。

人类开始犯愁了。没想到当初燃烧煤、天然气和石油，释放出来的大量能量，虽然推动了人类社会发展，但同时也释放出来了碳宝（二氧化碳），给全球的气候和环境造成这么大的麻烦。

51

# 全球谈判大会

地球上的每一个碳宝都感觉到了压力。以前，他们在地球上可是香饽饽。尤其是在地球寒冷的时期，他们的地位是何等的重要。现在，人类的科学家说碳宝是导致全球气温上升的罪魁祸首。

本来是人类自己不注意，没有节制地燃烧各种燃料，造成碳宝大规模地增加，结果还要赖到碳宝身上来。

虽然缺了他们，地球上的动植物就遭殃，可是现在人类可管不了那么多。这不，有的地区已经开始了抓捕碳宝的行动。人们会把碳宝们从空气中滤出来，统一装在大容器里。然后找一些废旧的油田、煤田，把碳宝直接输入到地下。这种做法实在是太简单粗暴了。输入到地下的碳宝被挤压在地下的缝隙里，毫无自由。有的地区让碳宝和钙质发生反应，生成碳酸钙，然后也埋起来。有的地区干脆把碳宝直接带往海洋深部，靠海洋巨大的压力，把他们封存在那里。

碳宝们看着身边亲朋好友们的遭遇，都气愤异常，可是又拿人类没办法。这种方法管用吗？能解决多少问题呢？

好在人类社会中还是有些聪明人，他们号召全世界联合起来，少

烧些燃料，多使用太阳能、风能、潮汐能等清洁能源来解决能源和动力问题，这样向大气中排放的碳宝自然就会减少，从而减缓全球温度继续升高的速度，他们管这叫“低碳减排”。为此，人类计划开一次全球大会，探讨这件事情。

在这个大会的开幕式上，人类计划把采集自各个地区的碳宝们集合在一个大容器里，这种仪式显得特别庄严。

于是，各个地区都行动起来，开始在空气中抓捕具有代表性的碳宝们。

这天，乐乐他们正和爸爸妈妈在空气中游玩。突然一股巨大的吸力把他们吸到了一个容器里。这里已经装了很多碳宝，一时间他们都不知道发生了什么。如果没猜错，这个容器就是用来参加全球碳宝协议大会用的。

大会如期举行。全球很多国家和地区派来好多代表参会。在庄严的歌声中，每个地区的代表手里都拿着一个罐子，缓缓地从大门外走进来。在会场中心有一个巨型的大罐子，用透明材料制作成。在大罐子边上有一个接口，代表们通过接口把小罐子中的碳宝们输入到大罐子里。

大家觉得这个仪式特别震撼，全球的心都凝聚在了一起。

大会在庄严肃穆的气氛中开始了。人们讨论碳宝含量增加的危害，然后话锋一转，提出了要减少碳宝排放的建议。

“支持！”

“支持！”

“支持！”

全场欢呼。

然后，会议主席问各个地区的代表：“你们都具体想减排多少？”

这个问题一提出，全场都安静下来。

有一个发达国家的代表为了打破僵局，站起来说：“我们这个地区很发达，所以我们想多承担一些义务，其他国家按照这个比例，各自减排就行了。”

这个建议听起来好像很合理。可是，欠发达地区的代表突然意识

到，要是按照这个标准，他们地区的经济这辈子也发展不起来了。

为什么呢？

其实，这其中的道理也不难懂。发达地区很早就开始工业化大生产，排放出很多碳宝，为此获得了巨大的能量，社会经济已经发展起来了。现在他们还可以用其他先进的技术获得替代能量，他们不排放碳宝也可以照样发展。可是落后地区工业化起步晚，碳宝排放少得可怜，又无法获得替代能量，这个建议等同于让他们失去了发展的可能性。

“如果让我们减少碳宝排放，你们发达地区要给我们补助！”一个来自欠发达地区的代表提出来补偿建议。

发达国家的代表立马反对：“我们已经承诺减少更多的排放，还再要我们补助，这不合理！”

“可是，你们提出的只是排放比例，但是排放的绝对值还是比我们高很多！”

“我们已经对全球的经济做出了贡献，绝对值当然要高一些！”

“要不咱们按照人口数量来计算排放百分比？”

“我们本来就穷，再按照人口数量就更不合理了。”

……

大家从开始的欢呼支持声，慢慢变成了互相责怪，甚至拳打脚踢起来，现场一片混乱。

## 52

# 一家重逢

在大罐子里，碳宝一家在拥挤的碳宝群中手拉手，免得走散。

看到外面人们吵吵嚷嚷，碳宝们心里很不是滋味。他们亲眼见证了人类社会慢慢进化的过程。当他们最初释放出煤炭、石油的能量时，那时人类一片欢呼，大大推动社会经济的飞快发展。可是，这还没过多少年，就出现了这么大的问题。

在熙熙攘攘中，乐乐眼睛最尖，他发现远处有一个熟悉的身影。

“海伦！”

乐乐惊讶地叫出声来。大家往那个方向望去，果然是海伦！

在这样的情况下一家团聚，大大出乎爸爸的意料。看起来，应该感谢人类组织的这次会议，不然，还不知道要等多少年他们一家才能全部聚齐。

碳宝们此时才不关心人类在那里吵吵闹闹。一家团聚带来的快乐，难以用语言来表达。大家争先询问海伦的经历，得知她曾经到达过地球的最深部，大家将信将疑。可是，大家都知道，海伦从来不会说谎，只要她说了，那地球深部的铁元素世界就一定存在。

经过这次的碳循环，碳宝们都获得了很多经验。他们发现原来碳宝对于这个世界是何等重要。他们的含量多了不行，少了不行。这个世界有一个自发机制在调控着他们在空气、海洋、陆地和地球内部的循环。每当夏天的时候，树木繁盛，就会多吸收一些空气中的碳宝；每当冬天的时候，树叶凋零，空气中的碳宝含量会稍微多一些。

在北半球，陆地更多，植物生长的面积当然也更多， 与南半球相比，夏天的时候，北半球树木吸收的碳宝会稍微多一些。

海洋无疑是碳宝们循环的巨大场所，在这个循环中起着最为重要的作用。

在旅行中，碳宝们遇到了各种元素，比如氮、硫、磷、铁等等。碳宝们的循环不是独立的，和这些元素有着千丝万缕的联系。他们共同影响着生命的循环。

未来碳宝们的命运将走向何方？他们会被人类抛弃吗？

很明显，人类把碳宝们埋到地下，并不能够最终解决全球变暖的问题。这些被存储的碳宝迟早还是要重新回归自然，因为他们是自然创造的精灵。

不过，现在碳宝一家被困在这个大罐子里，显然不是碳宝家族想进行的循环之旅。待在这个大罐子里，就是充当反面教材，等于告诉大家——这些都是空气中多余的、捣乱的碳宝，就是他们造成目前地球气温上升，把气候系统搞紊乱了。

怎么办？碳宝们聚在一起，绞尽脑汁地想办法，总不能就这样被人类圈来圈去的。

要想离开这个大罐子，必须要有一个漏洞才能钻出去。

恰好，会务组需要把大罐子抬到外面的广场，让更多的人来参观。这个大罐子是透明的，好多人也看不到其中的奥妙。此时，正是中午，太阳的温度很高。

当初设计罐子的人可能没想到广场的温度会有这么高。随着温度升高，乐乐和聪聪告诉大家，赶紧借用太阳的能量，让自己的速度快起来。于是，碳宝们都开始按照乐乐和聪聪的办法，接收阳光能量，

全球碳宝协议大会，碳宝一家人久别重逢

让自己跑得越来越快。这下可好，大罐子的体积不变，碳宝们跑得越快，罐子内部的压力就越大。在罐子的接口处，有一小块材料受不了这么高的压力，被挤开了一个极其微小的口子。这个口子小得人类的眼睛无法看见，但对于碳宝来说，这就等于敞开了大门。

于是，乐乐和聪聪带领着大家从这个细微的小口逃出了大罐子。

# 53 未完的结局

碳宝全家终于成功逃出了大玻璃罐子。一家人兴奋地击掌庆贺。当大家平静下来，一个问题冒了出来，接下来大家该往哪里去呢？在空气中，很有可能被人类再次捕捉回罐子。回到海里，又有可能散开。

熙熙先建议："我们形成金刚石结构就好了，大家手拉手在一起，就不会再分离了。"

"可是，这得循环到地球深部才可以，这个过程也太复杂了。"米粒不同意，"当初我和熙熙淘淘一起化为石墨的时候，发现当初的结构就很好。每六个碳宝手拉手形成六边结构，形成石墨的条件比形成金刚石的条件容易多了。"

"可是我们一家有八个碳宝，能形成八边形吗？"海伦说道。

"目前还没有遇到过这种结构。不过，我们一家六口先形成六边形，另外两个再连接到这个六边形就行了。"乐乐解释到。

爸爸妈妈觉得这个主意不错。经过这么多年的分离，大家先形成一个固定的结构，一家人团聚在一起也好。

对于形成石墨，乐乐他们都有亲身体会。

和乐乐他们一家有相似想法的碳宝们还有不少。他们形成了一张张二维的结构，然后不同层的叠加在一起，形成石墨。

这是一个需要新材料的时代。为了获取新的材料，人们绞尽脑汁。

乐乐他们所在的这块石墨被科学家获得了。目前这块石墨就像一本厚厚的书，每页都摞在一起。这些天，科学家们一筹莫展，如何才能获得最薄的一张石墨呢？最初科学家们想用打磨的方式，把石墨磨成薄片，可是距离单层的石墨还差很远。

这可怎么办呢？

有一个科学家灵机一动，要不用身边的透明胶试一试？把透明胶往石墨上一粘，然后撕下来，在透明胶上面就留下了一层非常薄的石墨。科学家拿着透明胶来到电镜室。这台电镜可以看到非常小的结构，具体来说，可以看到纳米结构。

看到科学家手里拿着透明胶，仪器管理员半开玩笑地说："是不是科研经费不足，买不起好材料了？这透明胶是从家里儿子玩具筐里拿来的吧。"

还别说，真让管理员给猜到了。科学家一下子脸红了。

不过，玩笑归玩笑，管理员对科学家们还是很尊重的，按照他的要求检查了一下透明胶带上的东西。

一瞬间，他们感觉时间凝固了。科学家简直不敢相信自己的眼睛——多少天梦寐以求的单层石墨，在电镜下清晰地展示出来。这个单层的石墨叫做石墨烯。

看到科学家惊讶的眼神，乐乐笑了。

由乐乐、聪聪、淘淘、熙熙、海伦、米粒、爸爸和妈妈组成的石墨烯，那是世界上独一无二的材料，有多少惊喜将因为他们而涌现，他们又将要经历什么样的新循环，我们不得而知，我们也拭目以待。

# 后　记

身为父母，职责之一就是给孩子讲睡前故事。每每想起，脑海中就会浮现出一幅非常幸福的画面：父母坐在孩子身边，用充满童趣的话语给孩子讲述大千世界；孩子瞪着眼睛，聚精会神地听着，不时开怀大笑，偶尔还乐得在床上打滚。

孩子们小的时候，我把他们兄弟俩编到故事中，讲长篇故事，题目叫做“乐乐淘淘历险记”。故事的灵感则来自于看过的所有书、电视、电影、新闻，涵盖历史、神话、游戏和卡通……故事有发展的主线，内容一层套一层，情节多半是通关历险，关卡一关接着一关。

故事讲述非常即兴，情节出奇。我会把每天看到的新闻、电影及时加进去。比如看到《鸣梁海战》，就把海战的情况编入故事中。在故事情节发展中，主人公遇到难题了，就会随时向兄弟俩征询解决方案，随时采纳。

故事里除了哥俩儿，人物繁多，大多来自正反两个世界、各种游戏通关场景，包括《英雄无敌 3》、《植物大战僵尸》、武打小说的故事情节、《西游记》、《封神榜》、《变形金刚》……。在人物上，关公战秦琼已经是小儿科。变形金刚、东邪西毒、其他卡通人物等在一起混战是家常便饭。为了反抗暴虐统治，可以同时出现陈胜吴广北边起义、水泊梁山东边造反、周文王南边讨逆的情景。武器也是冷兵器、现代兵器、神仙法宝等样样俱全，各路人马信手拈来。

不过，要多年如一日地即兴讲故事，并且还要讲得有趣，几乎就是不可能完成的任务了。时间一长，会有故事混乱的情况，比如今天就有可能完全忘记前面的内容，人物也会弄混。可是，小朋友的记忆力非常好，半年前的故事情节都能记住。这时要快速纠错，用一个通路把故事连起来，小朋友如梦方醒，故事得以进行，虚惊一场。

哥哥和弟弟经常为故事情节安排、人物命运、各自喜好发生争执，甚至会出现罢听、退出角色的情况。这时候就得设计一个情节，专门把哥俩儿找回来，缓解气氛，言归于好。

即便如此，还会经常出现脑子一片空白的情况，这时的杀手锏就是："今天时间不够，明天增加5分钟，现在睡觉，不听话小心打屁股！"

睡前故事，父母的爱，父母的恨！

孩子们长大了，非常怀念过去的睡前亲子故事，于是给了老爸一个新任务——把过去的故事写出来。我一拍胸脯答应了下来。可是，真正再去追寻过去几年中的即兴故事，头脑中早就空空如也。

不过，作为父母，得有点"曾子杀猪"的精神，答应孩子的事情就要做到。突然，灵光乍现，何不写一个更有意义的童话故事？于是就设计了一个孩子们探险的故事，讲述复杂的碳循环，题目就叫《碳宝历险记》。

碳循环可不是一个小题目，里面的科学问题繁多，目前全世界有很多科学家都在攻关这些问题，在这个大循环中寻找自己喜欢的一小部分进行研究。其中每一小部分都可以成为硕士、博士论文，把其中任何一部分研究明白，都可以成为专家。

孩子们如何才能弄懂这么复杂的故事？

不同于一般的卡通故事，这个历险记实际是科学童话。无论用什么样的卡通拟人方式，其中的知识部分在科学上必须成立。但是，小朋友们不仅仅关心科学知识，他们还会关心其中小主人公们的命运，碳宝们在历险中是怎么慢慢成长的。

我把这种类型的科普书定义为“童话硬科普”——用童话故事讲述真正的科学知识。

面对孩子们的成长，作为父母也是有一种难以描述的矛盾心理，既希望他们成长为有用之才、幸福快乐，又希望时间不要跑这样快。为了留住和孩子一起成长的时间，把小时候和小朋友思维历险的经历再回顾一下，帮助孩子们系统了解碳宝们的伟大旅程。

## 致谢

碳宝历险记从开始构思到初稿完成，历经两年有余。

首先得感谢这些忠实的前期小听众。故事中的碳宝都有真实的原型。在创作故事期间，这些小朋友的形象就在我脑海中跳跃着，每一个都会着急地跑过来问：“故事啥时轮到我？”有这些碳宝们的督促，笔就无法停下来。

特别感谢朋友们的帮助。毛军女士的鼓励贯穿故事创作的始终，并亲自为稿件修改多次，细致入微。作为最早的读者，她为故事的完整性和趣味性提出了很多宝贵的建议。毛军女士是一个12岁女孩的妈妈，教育学学士，经济学硕士，管理学博士，经济学博士后，交叉学科背景和妈妈的身份让她研究经济之余喜欢起自然、科普、文史和心理学。她和孩子一起收集矿石、化石，做成一个小小的标本盒；带孩子去自然保护区看星星，观察昆虫、植物和可爱的猴子；亲子共读《奇先生妙小姐》，跟孩子讲情绪管理……一直感恩可爱的孩子。所以，她精通孩子的内心世界，她的建议为本书起到了奠基的作用。

李芯芯教授是碳研究专家，在故事最初构思的时候，给予了很大的帮助，并专门为故事创设了碳海伦的角色。感谢乐乐、淘淘、熙熙和聪聪，一起探讨了碳宝们的性格特色。

谢旋是本书的插画师。她2007年毕业于中央美术学院出版设计专业，现工作生活于北京。有了她的加盟，一个个鲜活的卡通形象跃然于纸上。她大胆创新，用卡通形象来表达抽象的科学内容，为本书增添了一道新的风景线。